BLAUAUGEN
„SCHMETTERLINGE“ IM AQUARIUM

Hans Herbert Boeck

Bildnachweis
Titelbild: Gelbe Variante von *Pseudomugil gertrudae* Foto: H. Boeck
Rückseite: *Pseudomugil signatus* aus dem Harvey Creek Foto: H. Boeck
Bild Seite 1: *Pseudomugil furcatus* Foto: R. Hußmann
Fotos ohne Bildnachweis vom Autor

Die in diesem Buch enthaltenen Angaben, Ergebnisse, Dosierungsanleitungen etc. wurden vom Autor nach bestem Wissen erstellt und sorgfältig überprüft. Da inhaltliche Fehler trotzdem nicht völlig auszuschließen sind, erfolgen diese Angaben ohne jegliche Verpflichtung des Verlages oder des Autors. Beide übernehmen daher keine Haftung für etwaige inhaltliche Unrichtigkeiten.

ISBN: 978-3-86659-166-0

An der Kleimannbrücke 39/41
48157 Münster
www.ms-verlag.de
Geschäftsführung: Matthias Schmidt
Lektorat: Axel Kwet & Mike Zawadzki
Layout: Michael Kolmogortsev
Druck: Alföldi, Debrecen

Inhalt

Vorwort

Ich möchte mit dieser „Art für Art"-Ausgabe die Blauaugen vorstellen, eine kleine Fischfamilie, die relativ wenig bei Aquarianern bekannt ist, obwohl doch zwei Arten zu den populärsten Aquarienfischen in den letzten Jahren gehören: *Pseudomugil furcatus* und *P. gertrudae*, besser bekannt unter ihren deutschen Namen Gabelschwanz-Blauauge (Regenbogenfisch) und Gepunktetes Blauauge: Beide gehören zum Sortiment eines jeden gut sortierten Aquarienfachhandels. Da Blauaugen nicht zu den größeren Aquarienfischen zählen, sind sie zum Teil auch für den neuen Trend der Nano-Aquaristik geeignet.

Das Interesse an weiteren und bislang nicht bekannten Blauaugenarten stieg in den letzten Jahren kontinuierlich an. Deshalb haben Importeure, Großhändler und auch Aquarianer immer wieder versucht, neue Arten nach Deutschland zu bringen. Durch gute Kontakte konnte ich einige dieser neu importierten Blauaugen schon erhalten, nachzüchten und an andere Aquarianer abgeben – damit ist ihre Bestandserhaltung erst einmal gewährleistet.

Wie kam ich auf den Untertitel „Schmetterlinge im Aquarium"? Ich saß vor einiger Zeit auf der Terrasse unseres Hauses, einige Meter entfernt stand unser Sommerflieder – oder Schmetterlingsflieder, wie er auch genannt wird – in voller Blüte. Schmetterlinge umschwirrten den prächtigen Busch, und beim Beobachten dieses Schauspiels musste ich unwillkürlich den Vergleich mit einem meiner Aquarien ziehen, das mit Gabelschwanz-Blauaugen besetzt war: Genau wie die Schmetterlinge über den Flieder schwirrten meine Blauaugen durch die Aquarienbepflanzung. Dieses Schauspiel sollten eigentlich alle Aquarianer einmal erlebt haben. Auch Sie werden von den Schmetterlingen im Aquarium begeistert sein – ich bin es schon seit 20 Jahren.

Hans Herbert Boeck
Flensburg, 2012

Gabelschwanz-Blauauge (*Pseudomugil furcatus*)

Was sind Blauaugen?

Blauaugen sind kleine und mit wenigen Ausnahmen farbenfrohe Fische, die bis vor einigen Jahren noch zur Familie der Regenbogenfische zählten. 1989 trennten die Ichthyologen SAEED, IVANTSOFF und ALLEN sie aus der Familie Melanotaenidae ab und stellten die neue Familie Pseudomugilidae auf. Das hat natürlich seinen Grund und ist wissenschaftlich gut belegt, denn den Blauaugen fehlt zum Beispiel eine kleine Knochenplatte im Schädel, das sogenannte Mesethmoid. Ein weiterer Unterschied zu den Regenbogenfischen ist das Vorhandensein nur eines Tränenbeins in der Augenhöhle gegenüber zwei oder drei. Ebenfalls unterschiedlich sind zwei kleine Knöchelchen im Unterkiefer. Dies nur zur Information, denn äußerlich sichtbar sind all diese wissenschaftlichen Merkmale und anatomischen Details nicht. Ich finde dennoch, der Unterschied zu einem Regenbogenfisch fällt auch Laien von der Körpergestalt her sofort ins Auge.

Die erste entdeckte Art der Familie Pseudomugilidae war *Pseudomugil signifer* – sie wurde schon 1865 beschrieben. 1908 und 1911 folgten dann *P. novaeguineae* und *P. gertrudae* und schließlich 1953 *P. furcatus*, der zunächst *Popondichthys* und *Popondetta* als Gattungsnamen trug, bis man ihn 1989 ebenfalls in die Gattung *Pseudomugil* überführte. Trotzdem wird diese Art im Handel noch immer unter der alten Gattungsbezeichnung geführt. In den letzten Jahren wurden noch einige weitere neue Blauaugen entdeckt und teilweise auch für die Aquaristik verfügbar gemacht.

Blauaugen sind kleine, maximal 7 cm Länge erreichende Fische, die seitlich mäßig bis stark zusammengedrückt sind. Sie haben ein oberständiges oder endständiges Maul und ein großes Auge, das schwach bis kräftig blau gefärbt ist. Ihr Rücken ist flach ausgebildet, was bei Oberflächenfischen die Regel ist. Die Männchen der meisten Blauaugenarten haben weit ausgezogene Flossenstrahlen der ersten Rückenflosse sowie der After- und Bauchflossen. Ihre Brustflossen sehen wie kleine Flügel aus; deshalb erinnert ein Schwarm Blauaugen oft an kleine Schmetterlinge.

Das etwas trockene Thema der Systematik möchte ich hier nur streifen: Blauaugen gehören innerhalb der Ordnung Atheriniformes (Ährenfischähnliche), wie schon erwähnt, zur Familie Pseudomugilidae. Es gibt derzeit drei Gattungen der Blauaugen, wobei 15 Arten zu *Pseudomugil* zählen, zwei Arten zu *Kiunga* und nur eine Art zu *Scaturiginichthys*. Die Heimat der Blauaugen sind Australien und Neuguinea sowie die angrenzenden Aru-Inseln.

Von einigen *Pseudomugil*-Arten sind mehrere Fundortvarianten bekannt, und ich bin mir recht sicher, dass in den nächsten Jahren noch einige weitere neue Arten entdeckt werden, da besonders die große Insel Neuguinea mit dem Staat Papua-Neuguinea und der indonesischen autonomen Provinz West-Papua (das frühere Irian Jaya) noch ziemlich unerforscht sind. Ich hoffe, dass sich Wissenschaftler, aber auch Abenteurer und reisende Aquarianer bereitfinden, diese Aufgabe zu übernehmen.

Haltung

Wie im Vorwort erwähnt, brauchen Blauaugen kein großes Aquarium: Ich empfehle für die kleineren Arten, die bis 4 cm groß werden, ein Becken mit den Maßen 60 x 30 x 30 (Länge x Breite x Höhe) und einem Wasserinhalt von 54 Litern. Es darf natürlich auch ein bisschen größer sein, dies richtet sich vor allem nach der Anzahl der Fische. Für die über 4 cm lang werdenden Arten der Blauaugen sollte das Aquarium allerdings einen Inhalt von mindestens 120–160 Litern haben.

Der Handel bietet eine große Auswahl an Aquarien mit viel Zubehör an; ob wirklich alles nötig ist, muss jeder selbst – beziehungsweise sein Geldbeutel – entscheiden. Von den sogenannten Anfänger-Sets rate ich generell ab, da viel unnützes Zubehör dabei ist – oder man muss einiges schon nach kurzer Zeit durch neue Teile ersetzen. Zur Orientierung hier einige Tipps: Den oberen Abschluss des Aquariums sollte eine feste Abdeckung bilden, die bei gewünschtem Pflanzenwuchs mit zwei Röhren ausgestattet

Der Praxistipp

Beim Kauf von Blauaugen, ob beim Händler, Züchter, befreundeten Aquarianer oder auf einer aquaristischen Börse, muss man ein genaues Auge auf die Tiere werfen, die man erwerben möchte. Man sollte besonders auf folgende Punkte achten:

- Sind die Blauaugen **träge Schwimmer**?
- Zeigen sie **Flossenklemmen**?
- Weisen sie **äußere Verletzungen** auf?
- Zeigen sie eine **erhöhte Atemfrequenz**?
- Haben sie **Hungerbäuche** oder **aufgeblähte Bäuche**?

Lässt sich eine dieser Fragen mit einem Ja beantworten, sollte man auf den Kauf verzichten.

Aquarienanlage des Autors (rechte und linke Seite)

sein sollte. Ich verwende Tageslichtröhren, die ich ca. 12 Stunden am Tag leuchten lasse. Der Filter kann ein Innenfilter oder ein der Aquariengröße angepasster Außenfilter sein, wobei man sich vom Fachhandel beraten lassen sollte. Wichtig ist, dass der Filter den Aquarieninhalt etwa ein Mal pro Stunde umwälzen kann; man braucht allerdings keinen Tornado im Becken zu veranstalten, da Blauaugen keine starke Strömung lieben. Um das Wasser auf die richtige Temperatur zu halten, benötigt man einen Thermostatheizer – der Sicherheit wegen sollte man sich ein Markengerät anschaffen. Weiteres Zubehör ist eigentlich nicht nötig, aber wer auf Hightech nicht verzichten möchte, kann sich noch einiges mehr anschaffen – solange es nur die Fische nicht stört.

Ist das Zubehör installiert, kann man sich mit der Einrichtung des Aquariums befassen. Als Bodengrund empfehle ich eine Schicht Bodendünger, der mit Kies abgedeckt wird; die Höhe sollte ca. 6–7 cm betragen. Da Blauaugen sehr schwimmfreudig sind, sollte man ihnen genug Schwimmraum anbieten, das heißt, man darf das Aquarium

Größeres Aquarium für Blauaugen (mit 375 Litern Inhalt), das beim Autor im Wohnzimmer steht

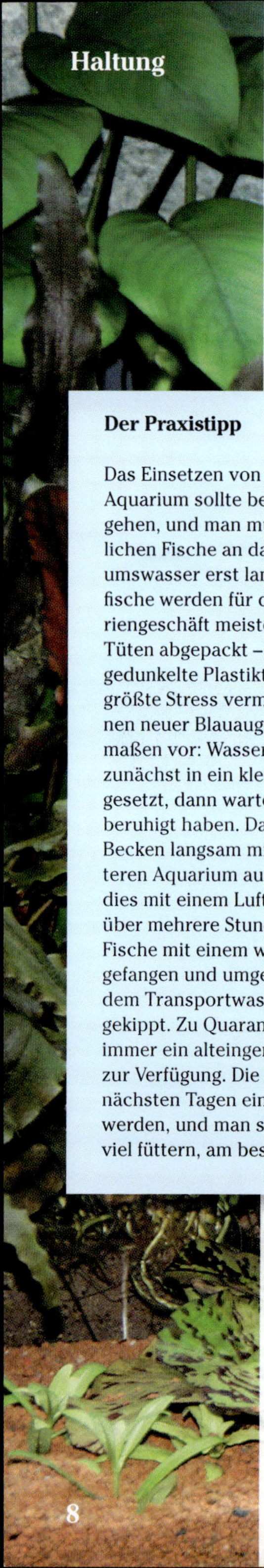

nicht mit Pflanzen überladen. Es genügt, wenn der Hintergrund und die Seitenteile bepflanzt sind, dann haben die Fische genug Schwimmraum. Weitere Einrichtungsgegenstände, wie Wurzeln oder Steine, kann man je nach Geschmack einbringen.

Für das heute sehr trendige Nano-Becken werden oftmals Blauaugen empfohlen, allerdings sollte das Aquarium für einen kleinen Schwarm von zehn Fischen schon mindestens 50 Liter beinhalten. In kleineren Aquarien rate ich von der dauerhaften Haltung von Blauaugen ab, da diese zweifellos gut aussehenden Mini-Aquarien für die Tiere doch einfach zu klein sind.

Der Praxistipp

Das Einsetzen von Blauaugen in ein neues Aquarium sollte behutsam vonstatten gehen, und man muss die oftmals empfindlichen Fische an das vorgesehene Aquariumswasser erst langsam gewöhnen. Zierfische werden für den Transport im Aquariengeschäft meistens in durchsichtige Tüten abgepackt – **mein Tipp ist**: Durch abgedunkelte Plastiktüten lässt sich der größte Stress vermeiden. Beim Eingewöhnen neuer Blauaugen gehe ich folgendermaßen vor: Wasser und Fische werden zunächst in ein kleines Plastikbecken gesetzt, dann warte ich, bis sich die Fische beruhigt haben. Danach fülle ich das Becken langsam mit Wasser aus dem späteren Aquarium auf; am besten, man macht dies mit einem Luftschlauch tropfenweise über mehrere Stunden. Dann werden die Fische mit einem weichen Kescher herausgefangen und umgesetzt, nicht aber mit dem Transportwasser ins neue Aquarium gekippt. Zu Quarantänezwecken halte ich immer ein alteingerichtetes Aquarium zur Verfügung. Die Fische sollten in den nächsten Tagen einfach in Ruhe gelassen werden, und man sollte zunächst nicht zu viel füttern, am besten Lebendfutter.

Die Wasserwerte im Aquarium richten sich nach der jeweiligen Blauaugenart und können von saurem, weichem Wasser bis hin zu Brackwasser reichen. Die genauen Werte werden bei den Artenbeschreibungen behandelt.

Ich plädiere generell für eine Alleinhaltung von Blauaugen, doch ist dies sicher nicht immer erwünscht bzw. machbar. Wenn man mehrere Blauaugenarten zusammen pflegen möchte, muss man sich zuallererst nach den Wasserwerten richten. Gemeinsam in einem Aquarium sollte man beispielsweise keinesfalls *P. cyanodorsalis* und *P. gertrudae* halten, da diese beiden Arten von den Wasserwerten her nicht zusammenpassen. Wenn man aber anstatt *P. gertrudae P. signifer* aus dem Ross River dazusetzt, dürfte es keine Probleme geben.

Auch die Haltung mit anderen Fischen ist im Grunde kein Problem. Die größer werdenden Blauaugen *P. connieae*, *P. furcatus*, *P. tenellus* und *P. signifer* kann man recht gut mit Regenbogenfischen zusammen halten, und es ist sicher einen Versuch wert, auch einmal die kleineren Blauaugen wie *P. gertrudae* mit kleinbleibenden Regenbogenfischen, wie z. B. *Melanotaenia kamaka*, *M. gracilis*, *M. pygmaea*, *M. exquisita* oder anderen Arten, zu vergesellschaften. So etwas praktiziere ich seit Langem, und bei mir wachsen mehrere Arten schon als Jungfische regelmäßig in einem gemeinsamen Aquarium heran.

Ob Blauaugen nun Fische für das sogenannte Gesellschaftsbecken sind, kann ich nicht beurteilen, da ich solche Aquarien seit

Ausstellungsaquarium mit 40 *Pseudomugil* cf. *gertrudae* Aru 4, eingerichtet vom Autor

Jahren nicht mehr betreibe – doch warum eigentlich nicht, wenn die Mitbewohner nicht gerade überaus aggressiv sind. So kann ich mir einen Schwarm Blauaugen zusammen mit einer Salmlerart recht gut vorstellen, allerdings nicht, dass sie gemeinsam mit Malawisee-Cichliden in einem Aquarium schwimmen.

Futter

Das Futter für Blauaugen ist ein wichtiges Thema, und ich möchte hier meine eigenen Erfahrungen mit verschiedenen Futtersorten wiedergeben. Eine spezielle Nahrung benötigen Blauaugen im Aquarium nicht. Allerdings ist Lebendfutter, und zwar das im Teich selbst gefangene, meiner Meinung nach immer noch die beste Nahrung, wenn auch nicht – wie früher – unbedingt die günstigste. Da die Kosten für das Auto in den letzten zwei Jahrzehnten enorm gestiegen sind, lohnt sich ein Fang von Lebendfutter in weiter entfernten Teichen kaum mehr. Wenn sich das Gewässer aber in der Nähe (mit dem Fahrrad erreichbar) oder gar im eigenen Garten befindet, ist Lebendfutter die Ideallösung.

Der Praxistipp

Es heißt oft, dass man dekapsulierte (geschälte) *Artemia*-Eier direkt an alle Fische und Jungfische verfüttern kann. Nach einer solchen Fütterung hatte ich aber auch schon Schwierigkeiten, denn die Fische schwammen mit prall gefüllten Bäuchen unter der Wasseroberfläche. Was war geschehen? Die geschälten Eier quellen nach der Berührung mit Wasser um fast das Doppelte auf, und da dieser Quellvorgang einige Zeit dauert, kann er nach dem Fressen auch im Magen der Tiere ablaufen, sodass sich deren Bauch aufbläht. Diese Symptome sind zwar nach einigen Stunden meist wieder vorbei, und die Fische tragen offenbar auch keine dauerhaften Schäden davon, aber man bekommt doch einen Schrecken. Deshalb lasse ich nun immer erst eine größere Portion dieser *Artemia*-Eier eine Stunde im Wasser aufquellen und friere sie nach Abgießen durch ein Sieb in Plattenform ein. Zur Fütterung kann man dann einfach mit dem Messer die gewünschte Portion abschneiden – und die Fische haben nach dem Fressen keine aufgeblähten Bäuche.

Die Nahrung muss in ihrer Größe allerdings angepasst sein, denn da Blauaugen einen engen Schlund haben, können sie keine größeren Futtertiere bewältigen. Das bedeutet wiederum, dass man selbst gefangenes Futter nur bis zu einer gewissen Größe verwenden kann. Große Mückenlarven, Bachflohkrebse und selbst große Wasserflöhe sollte man nicht verfüttern. Das Fangergebnis wird bei mir daher zunächst durch Siebe verschiedener Größe ausgesiebt und dann an die Fische entsprechender Längen verfüttert.

Trockenfutter ist nicht unbedingt das Ding der Blauaugen, aber es gibt genügend gefriergetrocknete Futtersorten, die sie gerne fressen, wie zum Beispiel dekapsulierte (geschälte) *Artemia*-Eier oder *Cyclops* von der Fa. Sera, die allerdings nicht ganz billig sind.

Das beste Futter ist wie erwähnt selbst gefangenes Lebendfutter aus dem Teich, wie beispielsweise Hüpferlinge (*Cyclops*), kleine

Wasserflöhe oder kleine Mückenlarven. Diese Futtertiere kann man problemlos auch über einige Tage im Eimer oder in einem ausgedienten Aquarium an einem schattigen Platz im Freien halten. Glücklich ist, wer einen Teich sein eigen nennt und dieses Futter immer frisch zur Hand hat, so wie es bei mir der Fall ist.

Wer keine Möglichkeit hat, selbst auf Lebendfutterfang zu gehen, kann sich auch eine *Artemia*-Zucht zulegen. Damit kann man gut den Winter überbrücken – und besonders bei der Nachzucht von Blauaugen kann man auf das Ausbrüten von Salinenkrebseiern nicht verzichten. Tipps zur *Artemia*-Zucht finden sich im Kapitel „Nachzucht". Ansonsten lassen sich auch andere Futtertiere sehr gut selbst züchten, zum Beispiel die Stummelflügelige Obstfliege. Mäßig gefüttert, kann man für Blauaugen ansonsten auch Grindalwürmer empfehlen, von Enchyträen dagegen rate ich generell ab, da sie zu fett sind. Bei der Haltung und Zucht von Futtertieren in der Wohnung sollten die Mitbewohner (Frau, Mann, Kinder oder Eltern) generell ein bisschen toleranter sein.

Der Praxistipp

Blauaugen sollten nicht zu oft gefüttert werden: Jungfische 2–3 Mal am Tag, Heranwachsende zwei Mal pro Tag und Erwachsene maximal ein Mal am Tag (plus ein Fastentag pro Woche) bzw. nur alle zwei Tage. Bei der einzelnen Futtergabe gilt: nicht zu viel verfüttern, dafür lieber einmal mehr. Man sollte Qualitätsfutter einer Markenfirma verwenden, und Lebendfutter ist immer besser als Trockenfutter.

Natürlich kann man an Blauaugen auch Tiefkühlfutter in kleiner Größe verfüttern, das ja in sämtlichen Variationen im Handel angeboten wird. Für die Zucht benötigt man dementsprechend kleinere Nahrung, auf dieses Futter komme ich ebenfalls im Kapitel „Nachzucht" zu sprechen.

Man sollte immer bedenken, dass Blauaugen keine Mastschweine sind; deshalb gilt: mäßig füttern. Meine Devise ist, ausgewachsene Blauaugen nur jeden zweiten Tag zu füttern. Tiere, die zur Zucht angesetzt werden, sollten allerdings zwei Wochen zuvor täglich kräftig gefüttert werden. Auch Jungfische erhalten täglich, am besten mehrmals, Futter.

Pseudomugil reticulatus

Nachzucht

Nun kann ich hier natürlich nicht über die eigene Nachzucht aller Arten von Blauaugen berichten, da einige Arten noch gar nicht in Aquarianerhänden waren bzw. nicht in Europa eingeführt wurden. Blauaugen sind generell noch nicht so weit unter Aquarianern verbreitet, außer *P. furcatus*, *P. signifer* und *P. gertrudae*. Die Zucht dieser drei gängigen Blauaugen ist nicht sonderlich schwer, manche seltenere Arten haben allerdings ihre Tücken. In diesem Kapitel möchte ich nur allgemein über die Nachzucht von Blauaugen schreiben. Spezielle Informationen werde ich dann bei den jeweiligen Artenbeschreibungen ansprechen.

Kleine Aquarien für Zuchtansätze und die Jungfischaufzucht

Meiner Meinung nach gibt es drei erfolgversprechende Methoden der Nachzucht von Blauaugen. Eine gute Methode ist es, eine Zuchtgruppe von zwei Männchen und vier Weibchen in ein extra eingerichtetes Zuchtaquarium zu setzen (es kann sich hierbei auch einfach um ein alteingerichtetes Aquarium handeln). Der Inhalt dieses Beckens sollte mindestens 40 Liter betragen; als Zucht- und Hälterungswasser verwende ich normales Leitungswasser mit folgenden Werten: pH 7,5, 10 °dGH, 7 °KH und Leitwert 350 Mikrosiemens. Die Temperatur kann zwischen 24 und 26 °C schwanken. Nach zwei Tagen führe ich einen Teilwasserwechsel mit kaltem Wasser durch, das bewirkt eine Erhöhung der Laichbereitschaft.

Die Einrichtung des Zuchtaquariums kann ganz nach eigenem Geschmack erfolgen, die Spanne reicht von karg bis gut bepflanzt. Das eine Extrem ist ein nacktes Becken, nur mit dem Laichsubstrat aus-

Fischfangglocken in verschiedenen Größen

gestattet, z. B. Javamoos, *Najas*, Perlongespinst oder ein Wollmob. Das Laichsubstrat sollte von der Wasseroberfläche bis zum Boden reichen, weil Blauaugen zum Ablaichen verschiedene Zonen bevorzugen; manche Tiere laichen sogar im Kies ab. Im anderen Fall, in einem gut bepflanzten Aquarium, braucht kein spezielles Laichsubstrat eingesetzt werden.

Gefüttert werden sollten die Zuchttiere mehrmals täglich mit kleinen Portionen, und zwar mit kleinen Weißen oder Schwarzen Mückenlarven, Obstfliegen, Wasserflöhen und Nauplien des Salinenkrebses. Auf *Cyclops* sollte man besser verzichten, da sich diese an den zu erwartenden Jungfischen vergreifen können. Da die Entwicklungszeit der Eier von Blauaugen sehr lange dauern kann – die Zeitigungsdauer liegt je nach den äußeren Bedingungen zwischen 8 und 40 Tagen –, lasse ich die Zuchttiere ca. 14 Tage im Zuchtbecken und setze sie dann in ihr altes Aquarium zurück. Nun muss man nur noch warten, bis die ersten Jungfische an der Wasseroberfläche schwimmen, die dann sofort angefüttert werden.

Diese Methode mit dem Umsetzen der Zuchttiere ist bei den robusteren Arten wie *P. furcatus* und *P. signifer* kein Problem, aber man sollte sie besser nicht bei allen Blauaugen anwenden, da manche Arten gegen Stress äußerst empfindlich reagieren – und wenn ein großer Mann mit einem großen Kescher hinter einem kleinen Fisch her ist, ist es für den Letzteren eben immer stressig. Das also sollte man vermeiden, und so ist die zweite Methode vielleicht noch besser, zumindest

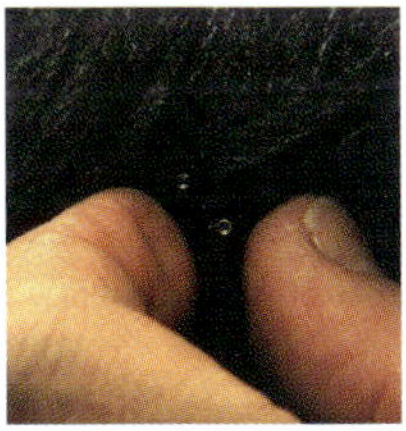

Das Absammeln der Eier aus dem Substrat klappt am besten mit feuchten Fingern

Der Ablaichmopp

Ei von *Pseudomugil novaeguineae* mit kräftiger Rotfärbung; die Zeitigungsdauer beträgt 15–18 Tage

Ei von *Pseudomugil reticulatus*; dieses Ei hat eine schwache rote Färbung und eine Zeitigungsdauer von 18–32 Tagen

Das klare Ei von *Pseudomugil mellis* hat eine Zeitigungsdauer von ca. 12–15 Tagen

aber für die Blauaugen weniger stressig und dennoch ertragreich. Die Zuchttiere leben in diesem Fall dauerhaft in einem Artenaquarium, und es wird einfach nach einiger Zeit eines der dort eingebrachten Laichsubstrate herausgenommen und in eine kleine Schale mit Wasser überführt. Die Jungfische können dort schlüpfen, müssen dann aber sofort in ein kleines Aufzuchtaquarium mit demselben Wasser umgesetzt und angefüttert werden. Zur Überführung der empfindlichen Larven verwendet man am besten eine Glaspfeife oder ein ähnliches durchsichtiges Gefäß. Zum Filtern des Wassers kann man einen kleinen Schaumstoffinnenfilter einsetzen, dennoch sollte man jeden Tag den Boden reinigen und einen Teilwasserwechsel durchführen, danach muss mit abgestandenem Leitungswasser wieder aufgefüllt werden. Wenn die Jungfische auf etwa 1 cm Länge angewachsen sind, setzt man sie in ein größeres Aquarium um.

Die dritte Methode, die ich bevorzuge, ist eigentlich die unproduktivste; aber meiner Meinung nach muss man auch nicht alle Blauaugen in Massen züchten – warum auch, wenn Abnehmer fehlen. Die Zuchttiere bleiben bei dieser Methode ebenfalls in ihrem Aquarium, und es werden lediglich aus dem eingesetzten Laichsub-

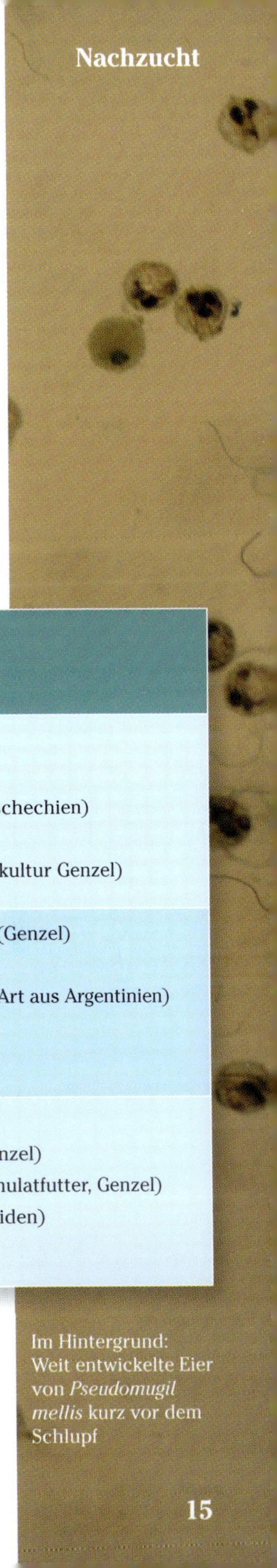

strat, ich verwende Wollmopps, alle 3–4 Tage die Eier abgesammelt. Zur Aufzucht der Eier verwende ich möglichst neue, eckige Salatdosen (250 ml Größe), die mit abgestandenem Leitungswasser gefüllt werden. Gegen Laichverpilzung kann man z. B. Cylex, Methylenblau oder einfach Erlenzäpfchen verwenden, ich bevorzuge Dessamor der Fa. Aquarium Münster. Wenn trotzdem einmal ein Ei verpilzen sollte, muss man es schnell entfernen, damit den anderen dasselbe Schicksal erspart bleibt. Die geschlüpften Jungfische werden anschließend in ein kleines Aufzuchtaquarium überführt und sofort angefüttert.

Die meisten Blauaugenwinzlinge können gleich mit frisch geschlüpften Nauplien des Salinenkrebses *Artemia salina* gefüttert werden. Wenn diese nicht angenommen werden, muss man feineres Futter verwenden, wie zum Beispiel Infusorien, Pantoffeltierchen, Algenpulver oder käufliches Staubfutter wie Sera micron. Mein Futterplan für die ersten Tage der Jungfische sieht folgendermaßen aus:

Tag nach Freischwimmen	Fütterungsintervall	Futterart
1.–4.	**3–4** mal täglich	• Infusorien • Pantoffeltierchen • Liqimin (Flüssigfutter aus Tschechien) • JBL Nobil fluid • Artificial Plankton (Fa. Aquakultur Genzel)
5.–20.	**3–4** mal täglich	• Sealife Proaktiv 0,1–0,3 mm (Genzel) • ausgesiebtes Tümpelfutter • *A. persimilis* (kleine *Artemia*-Art aus Argentinien) • dekapsulierte *Artemia*-Eier • *Artemia salina*
ab 21.	**2–3** mal täglich	• *Artemia salina* • Sealife proaktiv 0,2–0,4 (Genzel) • Aquafood 0,4–0,6 mm (Granulatfutter, Genzel) • Frostfutter (Cyclops, Bosmiden) • Tümpelfutter

Ich habe zwar noch nie von Kreuzungen verschiedener Blauaugen-Arten gehört, trotzdem sollte man zufällige Nachzuchten aus einem Aquarium mit mehreren Blauaugen-Arten besser nicht weitergeben, sondern nur für den eigenen Bestand verwenden.

Im Hintergrund: Weit entwickelte Eier von *Pseudomugil mellis* kurz vor dem Schlupf

Artemia-Zucht

Bevor man sich an das Thema *Artemia* heranwagt, sollte man prüfen, ob man dieses Futter wirklich benötigt. Meine Meinung ist: Wenn man nur ein Aquarium besitzt und keine weitergehenden Ambitionen zur Nachzucht von Blauaugen hat, lohnen sich der Aufwand und die Kosten kaum. Bei einer ambitionierten Fischzucht kommt man dagegen ohne Salinenkrebse nicht aus, darf aber in Sachen Kulturgerät und *Artemia*-Eier nicht am Geld sparen. Da ich meine ausgewachsenen Blauaugen mindestens jeden zweiten Tag – und ihre Nachzuchten täglich – mit *Artemia*-Nauplien füttere, setze ich jeden Tag eine frische Kultur an.

Der Praxistipp

Für kleinste Jungfische, denen die Nauplien des gewöhnlichen Salinenkrebschens (*Artemia salina*) zu groß sind, gibt es im Handel auch Eier der kleineren *Artemia persimilis*, die aber ihren (höheren) Preis haben.

Als Kulturgerät verwende ich den Aquabreed 1000 der Fa. Aqua Medic, ein röhrenartiges Brutgefäß, das für das Ausbrüten von 1–1,5 Teelöffel *Artemia*-Eier ausreicht. Wenn man mehr Nauplien benötigt, muss man entsprechend mit zwei Gefäßen arbeiten. Das *Artemia*-Zuchtgefäß kann man mit der mitgelieferten (oder einer selbst gebastelten) Halterung an die Scheibe im oder am Aquarium anbringen. Unten wird der Luftschlauch angebracht und über einen Absperrhahn mit der Luftpumpe verbunden. Bevor man nun Wasser einfüllt, muss die Röhre erst einmal gereinigt werden, damit alle Rückstände von alten Kulturen beseitigt sind.

Das für die *Artemia*-Kultur verwendete Wasser aus der Wasserleitung muss temperiert sein (ca. 24–25 °C) und wird bis kurz unter den Rand eingefüllt. Ohne Salz erfolgt kein Schlupf der Dauereier – ich verwende meist ein Spezialsalz für *Artemia* (zwei Teelöffel), aber auch einfaches Seesalz (zwei Teelöffel) oder Siedesalztabletten (eine Tablette). Als Nächstes fülle ich einen Teelöffel *Artemia*-Eier einer guten Ware (mit 99 % Schlupfgarantie) in die Salzlösung. Nach Einschalten

Pseudomugil signatus aus dem Harvey Creek

Aquarium mit halbwüchsigen *Pseudomugil furcatus*

der Pumpe wird der Lufthahn so weit geöffnet, dass die Eier kontinuierlich in Bewegung sind. Die Temperatur der Kulturflüssigkeit sollte um 25 °C liegen, und förderlich ist auch eine Beleuchtung des Gerätes; ich verwende dazu eine 5-Watt-Sparlampe. Nach 19–20 Stunden sind die meisten Nauplien geschlüpft und können nun verfüttert werden. Das heißt, man darf nur die Nauplien verfüttern – nicht die leeren Eischalen oder komplette Eier (eigentlich Zysten).

Um die Nauplien von den Schalen zu trennen, dreht man den Lufthahn zu und lässt die Kulturflüssigkeit etwa 3–5 Minuten ruhen, bis sich die Eischalen an der Oberfläche sammeln. Dann öffnet man den Abflusshahn, lässt die Kulturflüssigkeit mit den Nauplien in einen Behälter laufen und stellt diesen unter eine Lampe, um auch eine Trennung von nicht geschlüpften Eiern zu erreichen. Nach fünf Minuten haben sich die Nauplien in Richtung Licht begeben und sind an der Wasseroberfläche auszumachen, die nicht geschlüpften Eier befinden sich am Boden. Jetzt kann man die Flüssigkeit über ein *Artemia*-Sieb abgießen, bis der Behälter zu drei Vierteln leer ist, und hat dann reine Nauplien in dem Sieb, die man noch mit Vitaminen anreichern kann. Der Rest (nach wie vor komplette Zysten) kann anschließend noch einmal einen Tag in der Röhre belüftet werden, um am nächsten Tag erneut getrennt zu werden. Diese Nauplien haben sich dann meist schon mehrmals gehäutet und sind für kleine Jungfische zu hart; sie können deshalb nur an größere Exemplare verfüttert werden.

Gesamtverbreitung

Gattungen und Arten

Um Ihnen einen Überblick über die Artenvielfalt der Blauaugen zu bieten, stelle ich im Folgenden nicht nur die aquaristisch relevanten Spezies vor, sondern auch einige, die derzeit leider keine Rolle im Hobby spielen. Aber wer sagt denn, dass in den nächsten Jahren nicht vielleicht die eine oder andere Art wieder importiert und damit für die Aquaristik zugänglich wird?

Aquaristisch relevante Pseudomugil-Arten

Die Gattung *Pseudomugil* besteht derzeit aus 15 Arten, die aquaristisch mehr oder minder gut bekannt sind. Die zehn wichtigsten Blauaugen stelle ich ausführlich in chronologischer Abfolge vor – entsprechend dem Jahr ihrer wissenschaftlichen Artbeschreibung. Manche Arten sind auch noch nie in Liebhaberhand gewesen, weil sie aus Gebieten kommen, die für Normaltouristen unerreichbar sind, oder konnten sich in der Aquaristik nicht halten – sie sind am Ende des Buches alphabetisch mit kurzen Infos aufgelistet. Gerade wir Blauaugenliebhaber hoffen immer darauf, dass Ichthyologen, Importeure oder Abenteurer uns bislang noch nicht nach Europa importierte neue Arten bringen. Bestimmt sind noch längst nicht alle Blauaugenarten entdeckt.

Zur Gattung *Pseudomugil* zählen relativ kleine Fischchen mit Größen von 2,5–7 cm. Ihre Körpergestalt ist vielfältig und reicht von schlank und niedrig bis hochrückig. Alle Vertreter der Gattung besitzen eine gegabelte Schwanzflosse (Caudale) und zwei Rückenflossen (Dorsale), wobei die erste Dorsale weniger Flossenstrahlen hat als die zweite, dabei aber öfters spitz und lang auslaufend ausgebildet ist. *Pseudomugil*-Arten werden nicht nur im Süßwasser, sondern auch im Brack- und zeitweilig sogar Seewasser angetroffen. Solch hohen Salzkonzentrationen sind die Fische aber nicht dauerhaft ausgesetzt, und manche dieser salztoleranten Arten lassen sich auch ganz an Süßwasser gewöhnen.

14

Biotop von *Pseudomugil signifer*
Foto: W. Heemskerk

Pseudomugil signifer Kner, 1865

Deutscher Name: Schmetterlings-Blauauge
Entdecker: Expedition der österreichischen Kaiserlichen Fregatte „Novara", 1857–1859
Fundort des Holotypus: Nähe von Sydney
Weitere Fundorte: Fast an der gesamten Ostküste Australiens, zum Beispiel Ross River, Nelligan Creek und Harvey Creek
Synonyme: *Atherina signata* (1867), *Atherinosoma jamesonii* (1884), *Atherinosoma signata* (1886), *Pseudomugil signata* (1896), *Pseudomugil signatus* (1919), *Pseudomugil signatus affinis* (1935), *Pseudomugil affinis* (1958)

Pseudomugil signifer ist das erste wissenschaftlich entdeckte Blauauge, das fast an der gesamten Ostküste Australiens vorkommt. Jahrelang gab es im Handel den „normalen *signifer*", den man als „Aquarienvariante" bezeichnete, und bei Spezialisten mehrere Fundortvarianten, die reisende Aquarianer aus Australien mitgebracht hatten. Ich war immer schon der Ansicht, dass es sich hierbei um verschiedene Arten handelt, denn sie unterscheiden sich äußerlich recht deutlich in Farbe und Flossenausmaßen.

Im Heft 1/2010 des „Regenbogenfisch", dem Organ der internationalen Gesellschaft für Regenbogenfische (IRG), erschien ein Artikel von Harro Hieronimus, dem Präsidenten der IRG, mit dem Titel „Gibt es zwei Arten unter dem Namen *Pseudomugil signifer*?" Er berichtet darin von einer Untersuchung durch den Ichthyologen Wong mit dem Ergebnis, dass sich die südlichen und nördlichen Populationen von

Pseudomugil signifer aus dem Zoofachhandel (Teichnachzucht aus Indonesien) Foto: R. Hußmann

P. signifer genetisch tatsächlich deutlich voneinander unterscheiden; die Trennlinie zwischen den beiden Gebieten verläuft etwa am Burdekin River. WONG hatte daher schon überlegt, aus *P. signifer* zwei Arten zu machen. Da der Artname *signatus*, wie unter den Synonymen angegeben, verfügbar ist, schlug HIERONIMUS vor, die nördlichen Tiere zukünftig als *P. signatus* zu bezeichnen. Ich bin derselben Meinung, doch sollten die verschiedenen Fundortvarianten weiterhin, zumindest soweit bekannt, möglichst mit der Herkunftsbezeichnung gekennzeichnet werden. Wie man die beiden mutmaßlichen Arten unterscheidet, möchte ich anhand der Varianten verdeutlichen, die ich an dieser Stelle unter ihren neuen Namen aufführe.

Auf der Karte (S. 18) ist das Verbreitungsgebiet von *Pseudomugil signifer* unter der Nummer 14 zu finden

Pseudomugil signifer Aquarienvariante

Die sogenannte Aquarienvariante habe ich von einem Internethändler bekommen, der mir keine Fundortangabe nennen konnte, da diese Fische längst in Indonesien in großen Teichen gezüchtet werden. Die Tiere können eine Länge von ca. 5,5 cm erlangen und lassen sich leicht pflegen und nachzüchten. Wenn das Aquarium, das mindestens 80 Liter beinhalten sollte, gut bepflanzt ist, lassen sich auch mehrere Männchen problemlos zusammen halten.

Pseudomugil signifer Nelligan Creek

Die Größe dieser südlichen Form liegt etwa bei 4 cm. Ihr Körper hat eine schöne gelbe Färbung, die bis in die Flossen reicht, die weniger groß und lang ausgezogen sowie am Rand schwarz abgesetzt sind. Diese Variante sieht der Aquarienform am ähnlichsten, ist aber intensiver gefärbt. Im Unterschied zur folgenden Variante benötigt die Nelligan-Creek-Form keine Salzzugabe. Ich habe diesen Fisch über eine lange Zeit gepflegt und nachgezüchtet; ob er jetzt noch in der Aquaristik verfügbar ist, entzieht sich meiner Kenntnis.

Pseudomugil signifer aus dem Nelligan Creek, ein klein bleibendes Blauauge von der südlichen Ostküste

Pseudomugil signatus Ross River

Diese nördliche Variante (hier also zu *P. signatus* gerechnet) war jahrelang mein Traumfisch – und nicht nur meiner. Bei Gesprächen über *P. signifer* geisterte vor allem der Name „Townsville Blue Eye" im Vordergrund herum. Viele Jahre habe ich vergeblich auf diese wunderbare Variante gehofft, dann war es endlich so weit. Zu verdanken haben wir sie in Europa Gilbert Maebe, der über einen Amerikaner Eier bekam. Nachdem diese geschlüpft und groß geworden sind und Maebe diese Form selbst nachzüchten konnte, fanden seine Jungfische natürlich reißenden Absatz. Gilbert Maebe ist ein Aquarianer und IRG-Mitglied aus Belgien, der seit Jahren Reisen nach Australien macht, immer wieder Regenbogenfische und Blauaugen mitbringt und nachzüchtet und damit viel für den Bestand an diesen Fischen tut bzw. getan hat. Der Traumfisch war nun also endlich auch in meinem Aquarium. „Frisches Blut" wurde später von Norbert Grunwald und noch einmal von Gilbert Maebe aus Australien mitgebracht.

Biotopbeschreibung am Fundort von *Pseudomugil signifer*:

Datum/Uhrzeit: 15.11.1997 / 10.45 Uhr

Aufgenommen von: Grunwald / Hansen Schilling

Fundort: Queensland, Tin Can Bay, Tea Tree Swamp Drain, kurz vor der Ortseinfahrt nach Tin Can Bay

Gewässerart: 1,5 m breiter, klarer Bach ohne Wasserpflanzen, der in einen Mangrovensumpf mündet; fließendes Gewässer durch Tidenwirkung; Tiefe je nach Tidenstand zwischen 10 und 40 cm; Entfernung zum Meer etwa 150 m; Mangrovenbäume und Wurzeln im gesamten Sumpfbereich.

Messwerte: pH-Wert 8,0; Leitfähigkeit über 10.000 µS; Gesamthärte über 15 °; Lufttemperatur 29,5 °C; Wassertemperatur: 26,0 °C

Gefangene Fischarten: *P. signifer* (mit schöner Färbung und großen Flossen), *Myxus petradi* (Meeräschen), *Butis butis, Mugilgobius stigmaticus.*

So haben wir in Europa nun einen guten Bestand dieser Variante, die man schon fast als einen Brackwasserfisch bezeichnen kann. Die günstigste Salzkonzentration liegt zwischen 10 und 20 Gramm pro Liter Wasser, wobei ich es heute nicht mehr so genau mit der Dosierung nehme. Insgesamt konnte ich feststellen, dass der Fisch bei geringerer Salzzugabe schwächer ausgezogene Flossen entwickelt und dass man dann weniger Eier im Substrat findet.

Diese Tiere werden mit ca. 6 cm Länge für Blauaugen recht groß und erscheinen beim Aufstellen ihrer Rücken-, Bauch- und Afterflossen auch fast genauso hoch. Das Flossenaufstellen geschieht des Öfteren beim Imponieren oder bei der Balz, die vor allem nach Sonnenaufgang (bei Aquarien nach Einschalten der Beleuchtung) oder am Abend zu beobachten ist. Vor allem diese Ross-River-Variante ist es, die durch ihre prächtige Gestalt und Färbung ein längeres Verweilen vor dem Aquarium bewirkt, wobei einem manchmal schier der Atem stockt.

Pseudomugil signatus aus dem Ross River

Pseudomugil signatus aus dem Ross River

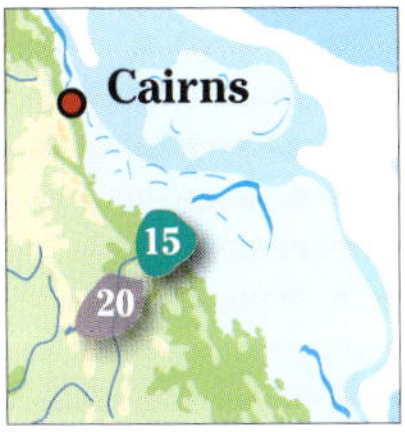

Auf der Karte (S. 18) ist das Verbreitungsgebiet von *Pseudomugil signatus* mit der Nummer 15 gekennzeichnet

Pseudomugil signatus Harvey Creek

Die Variante aus dem Harvey Creek gehört ebenfalls zur nördlichen Form und war vor einigen Jahren bei uns in Europa noch nicht zu bekommen. Dann organisierte ein IRG-Mitglied einen Fischimport aus Australien, und ich konnte mich daran beteiligen. Kurz vor dem Versandtermin wurde uns mitgeteilt, dass auch Fische aus dem Harvey Creek zum Versand anstanden, mithin also *P. signifer*. So gelangte diese Variante in meine Zuchtanlage, und ich konnte bereits nach einem halben Jahr genügend Jungfische abgeben. Diese Variante wird recht groß und hat ebenfalls eine sehr hohe Beflossung. Da sie in kleinen Aquarien recht aggressiv ist – und das nicht nur gegenüber Artgenossen –, muss man ihr größere Behälter anbieten. Wenn die Tiere ihr Aquarium mit Artgenossen teilen müssen, sollten ausreichend Reviere in Form von Steinen, Wurzeln oder Pflanzen vorhanden sein.

Pseudomugil signatus aus dem Harvey Creek

Pseudomugil novaeguineae
WEBER, 1908

Deutscher Name: Neuguinea-Blauauge
Entdecker: H.A. Lorentz, 1907
Typusfundort: Papua-Neuguinea, Zufluss zum Lorentz River
Weitere Fundorte: Weit verbreitet im südlichen Teil von Irian Jaya (heute autonome indonesische Provinz Westpapua) sowie Papua-Neuguinea

Dieses vor über 100 Jahren beschriebene Blauauge soll 1976 und 1989 schon einmal nach Deutschland eingeführt worden sein, sofern es damals wirklich dieser Fisch war. Im Jahr 2006 bekam ich meine ersten Exemplare dieser Art und konnte sie mit mäßigem Erfolg bis heute erhalten; ich besitze allerdings nur noch ein Männchen und ein junges Weibchen – keine guten Voraussetzungen zur Erhaltung in der Aquaristik. Obwohl *P. novaeguineae* ein großes Verbreitungsgebiet im südlichen Neuguinea aufweist, ist er für die Aquaristik weniger interessant, da die Färbung nicht als besonders farbenfroh zu bezeichnen ist.

Das Neuguinea-Blauauge hat einen schlanken und seitlich zusammengedrückten Körper mit einem gerade verlaufenden Rücken, was auf eine oberflächenorientierte Lebensweise hindeutet. Der Körper ist transparent, und der Kopf hat einen leichten violetten Glanz. Der einzige Farbtupfer auf dem Körper ist eine schwarze Linie in der Körpermitte, die von zwei gelben Strichen eingefasst ist, die aber nicht immer zu sehen sind. Die einzelnen Schuppen sind am Rand leicht

Das Verbreitungsgebiet von *Pseudomugil novaeguineae* erstreckt sich über die mit den Punkten 9 gekennzeichnete Fläche

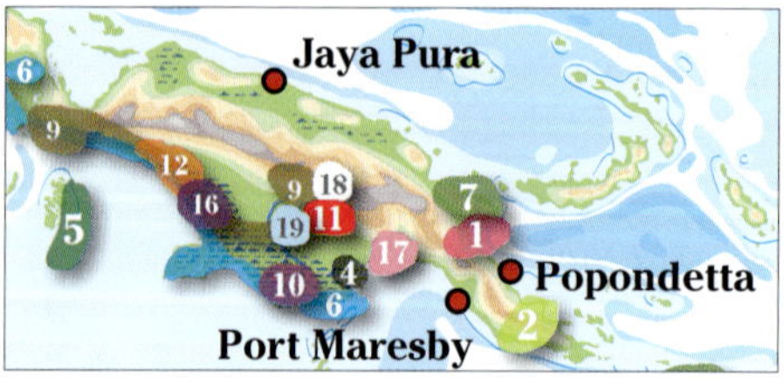

Pseudomugil novaeguineae, Männchen mit weißem Schwanzstreifenstrich
Foto: H. Gewinner

schwarz gefärbt. Interessant an diesem Fisch ist die Flossenzeichnung, deren Grundfarbe transparent ist. Die erste Rückenflosse ist am oberen Rand rot gefärbt, die zweite weist am Ende einen weißen Strich auf. Auf der Afterflosse verlaufen ein weißer Streifen und darüber ein dünner schwarzer Strich. Auf der Schwanzflosse befindet sich ein roter Strich am unteren Ende, dieser kann aber auch, wie bei den anderen Flossen, weiß sein bzw. ganz fehlen. Bei den Weibchen sind die Flossen fast ganz durchsichtig. Die Pupillen sind bei dieser Art von einem dünnen gelben Ring umrahmt und sonst silbrigblau.

Das Verbreitungsgebiet von *P. novaeguineae*, der eine Größe von ca. 4–5 cm erreicht, befindet sich im südlichen Neuguinea, vom Fly River in Papua-Neuguinea bis zur Etna-Bucht in Westpapua. Auch soll die Art auf den Aru-Inseln vorkommen. Dieses Blauauge wird nicht, wie manche andere Art, im Zoohandel angeboten, und auch seine Zucht gestaltet sich recht schwierig; welchen Grund das hat, kann ich bislang nicht sagen. Die Fische legten bei mir relativ wenige rote Eier in das Laichsubstrat, von dem ich sie jeden Tag absammelte und in kleine Plastikschalen überführte. Viele Eier verpilzten oder entwickelten sich nicht.

Pseudomugil novaeguineae, Männchen mit rotem Schwanzstreifenstrich (auch Seite 24 oben)

Pseudomugil gertrudae
Weber, 1911

Deutscher Name: Gepunktetes Blauauge
Entdecker: H. Merton, 1908
Fundort: Aru-Inseln, Insel Tarangan, Fluss im Sago Forest (Ngaiguli)
Weitere Fundorte: zahlreiche weitere Fundorte in Nord-Australien und Süd-Neuguinea; siehe Text

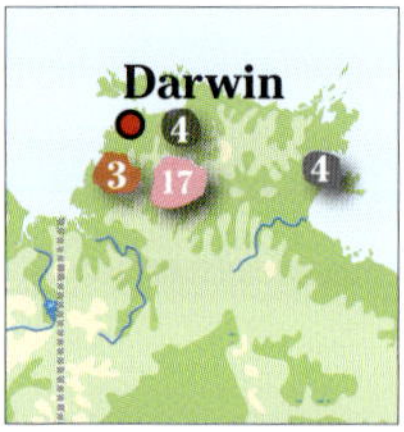

Die Verbreitungsgebiete von *P. getrudae* sind mit der Zahl 4 gekennzeichnet

Pseudomugil gertrudae ist eine der beliebtesten Blauaugenarten – und vor allen Dingen bekommt man sie jederzeit im gut sortierten Zoohandel. Das Gepunktete Blauauge – der deutsche Namen bezieht sich auf die gepunkteten Flossen – lässt sich recht gut im Artenbecken halten und vermehrt sich dort auch willig. Für einen Schwarm von zehn Tieren genügt ein kleines Aquarium, wie es heute als Mindestgröße mit 60 x 30 x 35 cm vorgeschrieben ist und das auch gut bepflanzt sein darf.

Entdeckt wurde *P. gertrudae* auf den indonesischen Aru-Inseln etwa 150 km südlich von Neuguinea. Der Artname bezieht sich auf die Gattin des Entdeckers H. Merton, die mit Vornamen Gertrud hieß. Der Forscher selbst bereiste die Inselgruppe im Jahre 1908 und entdeckte am 18. Februar in einem kleinen Flüsschen im Sago Forest auf der Insel Tarangan die ersten „Gertrudaes“. Beschrieben wurde der Fisch dann von Weber im Jahre 1911 und 1982 von Pacton als gültige Art bestätigt. Zu diesem Zeitpunkt gab es die erste Einfuhr nach Deutschland; ob dieses Blauauge schon vorher in andere Länder Europas eingeführt wurde, entzieht sich meiner Kenntnis.

Die Verbreitung von *P. gertrudae* erstreckt sich nach heutigen Gesichtspunkten, außer auf die Aru-Inseln, auf das nördliche Austra-

Pseudomugil gertrudae aus dem Cadell River

lien und das südliche Neuguinea. Die meisten bekannten Fundorte liegen in Australien in der Umgebung von Darwin und Arnhem Land (Northern Territory) sowie im nördlichen Teil der Halbinsel Cape York und in der Umgebung von Cairns (Queensland). Das Blauauge ist hier recht weit verbreitet und bildet je nach Fundort verschiedene Farbvarianten, dazu aber später. Da der Süden von Papua-Neuguinea noch recht unerforscht ist, liegen von dort bislang nur wenige Fundorte vor; ich persönlich glaube aber, dass die bisher gefundenen Tiere nur die Spitze eines Eisberges sind und dieses Blauauge noch viel weiter verbreitet ist, als derzeit angenommen. Um hier nur einige aus der Literatur entnommene australische Fundorte zu nennen:

- **Northern Territory (Darwin):** Melville Island, Bathurst Island, Howard River, Sandy Creek, Burton Creek, Charlotte River
- **Northern Territory (Arnhemland):** Giddy River, Goanna Lagoon
- **Queensland (Cape York):** Jardine River, Polo Creek
- **Queensland (Cairns):** Jones Raod, Etty Bay, Innisfall

Gelbe Variante von *Pseudomugil gertrudae*

Das Gepunktete Blauauge gehört zu den kleinen Arten der Gattung
Foto: R. Hußmann

Pseudomugil gertrudae kommt in den verschiedensten Lebensräumen vor: in kleinen Bächen (Creeks), in Flüssen (River), in Sümpfen und sogar in küstennahen Creeks oder Lagunen (Lagoon) mit zeitweiligem Brackwasseranteil. Die Vegetation in diesen Biotopen reicht von üppig bis völlig pflanzenlos. Die Fließgeschwindigkeit des Wassers reicht von stehend bis schnell fließend und die Transparenz von trübe bis klar. Auch die Wasserwerte sind breit gefächert: Die Wassertemperaturen liegen zwischen 23 und 30 °C (entsprechend den Autoren von Berichten über *P. gertrudae*). Daraus kann man schon ersehen, dass dieser Fisch in Sachen Temperatur nicht sehr empfindlich sein kann. Beim pH-Wert, der nach MAYLAND (2001) in den natürlichen Gewässern zwischen 3,8 und 7,8 schwanken soll, gehen die Meinungen weit auseinander, andere Autoren geben deutlich geringere Spannbreiten zwischen 5 und 7 an. Wer nun im Einzelnen Recht hat, sei dahingestellt, doch für uns als Halter und Züchter ist es von Bedeutung, dass dieser Fisch offenbar ein breites Spektrum an Wasserwerten akzeptiert.

Aufschlussreich sind in dieser Hinsicht auch zwei Biotopaufnahmen von GRUNWALD, SCHILLING und WILSON aus Australien (Northern Territory), publiziert im „Regenbogenfisch". An deren Angaben kann man ebenfalls sehen, dass *P. gertrudae* in sehr unterschiedlichen Gewässertypen lebt.

Datum, Uhrzeit	06.10.1997, 14.00 Uhr	06.10.1997, 18.00 Uhr
Lokalität	Burtons Creek (NT)	Coomalie Creek (NT)
Wassertemperatur	28,4 °C	27,6 °C
pH-Wert	4,5	7,8
Gesamthärte	< 1°	11°
Karbonathärte	< 1°	12°
Leitfähigkeit	90 µS	1.300 µS

Die Aquarieneinrichtung für das Gepunktete Blauauge kann aus Wurzeln, nicht kalkhaltigem Gestein und einer üppigen Hintergrund- und Seitenwandbepflanzung bestehen. Der vordere Teil des Beckens sollte als Schwimmraum freigehalten werden. Ich pflege meine Tiere bei folgenden Wasserbedingungen: pH-Wert knapp unter 7,0, Wasserhärte 7 °dGH, Leitwert 350 µS, Wassertemperatur 24–26 °C (je nach Standort des Aquariums). Wöchentlich findet ein kleiner Wasserwechsel statt, abwechselnd mit Leitungs- oder Regenwasser, gefiltert wird über einen Schaumstoffinnenfilter. Außerdem hänge ich einen Beutel mit Torfgranulat in das Aquarium, um das Wasser durch Huminsäuren etwas unter den neutralen pH-Wert zu bringen. Als Bepflanzung verwende ich Speerblatt (*Anubias*), Javafarn, Javamoos, Nixkraut (*Najas guadalupensis*) und Cryptocorynen. Ein diffuses Licht kommt den „Gertrudaes" sehr entgegen, da sie bei allzu heller Beleuchtung recht schreckhaft sein können. Wenn man sie unter diesen Bedingungen pflegt, hat man viel und lange Freude an diesen wunderschönen Fischen.

Der Körper von *P. gertrudae* ist rundlich und mit 3 cm Länge von geringer Größe. Auch der Kopf ist recht klein und weist ein leicht oberständiges Maul auf. Die Augen sind gegenüber dem Kopf relativ groß und hübsch kräftig blau gefärbt. Die Körperfarbe variiert je nach Fundort von Weiß über Gelb bis ins Blaue, und die Seitenlinie ist je nach Stimmung mehr oder minder gut zu erkennen; sie ist in der Regel grauschwarz gefärbt, und in der gleichen Farbe sind auch die Schuppen umrandet, wodurch der Eindruck eines Netzmusters entsteht. Was sofort auffällt bei dieser Art, sind die bei den Männchen farbigen und

Pseudomugil gertrudae
Foto: R. Hußmann

ausgezogenen Flossen. So sind die Bauchflossen weißlich gefärbt und spitz auslaufend. Wie kleine Flügel sind dagegen die Brustflossen ausgebildet, die eine ähnliche Färbung wie die Bauchflossen aufweisen. Der obere Rand der Brustflossen ist je nach Fundort weiß, gelb oder rot (orange) gefärbt. Danach wurden früher die folgenden drei Farbschläge unterschieden:

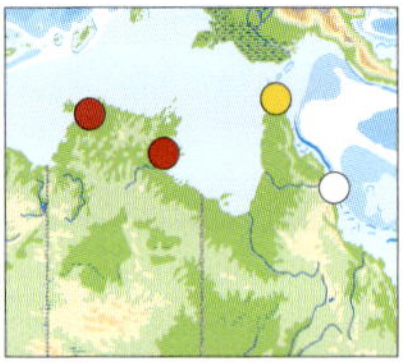

Yellow Wing	White Wing	Red Wing
Jardine River	Innisfall bei Cairns	Darwin
Cape York		Arnhemland

Nach diesen einfachen Unterscheidungsmerkmalen allein kann man die Varianten von *P. gertrudae* heute allerdings kaum mehr bestimmen.

Blickfang dieser Art sind sicher die unpaaren Flossen, die je nach Fundort ausgezogen und neben der Grundfarbe Weiß bis Gelb hübsche schwarze Punkte aufweisen, deren Intensität und Größe ebenfalls variiert. Die Weibchen unterscheiden sich von den Männchen durch kleinere, rundlichere Flossen und eine blassere Färbung. Sie sind außerdem in der Bauchpartie rundlicher.

Ich plädiere bei diesen Blauaugen ebenfalls für Artbecken, und so kann man diese auch gleich als Zuchtbecken verwenden. Das viele Umsetzen halte ich wegen des Stresses speziell bei dieser Art für nicht sinnvoll. Gezüchtet werden bei mir derzeit *P. gertrudae* aus dem australischen Giddy River in einem 100-Liter-Aquarium mit den schon erwähnten Wasserwerten. Die Anzahl der Fische kann ich nicht genau sagen, weil ich immer wieder Jungtiere zu den Zuchttieren setze, doch ich schätze, es sind 30–40 Stück.

Der Boden des Aquariums ist mit einer dünnen Schicht aus schwarzem Kies bedeckt, dekoriert ist es mit einer großen *Anubias barteri barteri*. Einige Wurzelstücke komplettieren die Einrichtung, und mehrere kleine Welse und Garnelen bewohnen das Aquarium als „Saubermacher". Als Laichsubstrat verwende ich einen grünen Wollmopp aus synthetischer Wolle, der an eine Filmdose oder einen Korken gebunden im Becken herumschwimmt. Da *P. gertrudae* bevorzugt in der unteren Region ablaicht, muss der Mopp bis zum Boden reichen. Anstatt des Wollmopps können natürlich auch feinfiedrige Pflanzen verwendet werden. In den Mopp hinein legen die Weibchen – meistens in den Mittags- oder Abendstunden – nach heftigem Umwerben des Männchens, das bei dieser Aktion die beiden Rückenflossen und die Afterflosse mehrfach schnell aufstellt, 5–8 Eier pro Tag. Die Eier, deren Größe ca. 1,5 mm beträgt, werden von dem Weibchen regelrecht in das Substrat geschossen und gleichzeitig vom Männchen besamt. Sie werden nach einiger Zeit hart und sind recht unempfindlich. Die Eier sammle ich jeden vierten Tag ab, um sie in eine Glasschale mit abgestandenem Wasser zu überführen. Nach 8–10 Tagen schlüpfen die ersten Jungfische, die dann ca. 2 mm groß sind, sofort in ein Aufzuchtsbecken umgesetzt und mit feinstem Staubfutter wie Infusorien angefüttert werden müssen. Bereits nach einer Woche können *Artemia* gereicht werden, mit etwa einem halben Jahr sind die Tiere zuchtfähig.

Das Verbreitungsgebiet von *Pseudomugil* cf. *gertrudae* Aru ist auf der Karte unter der Nummer 5 aufgeführt

Pseudomugil cf. gertrudae Aru

Fast 100 Jahre, nachdem H. Merton auf den Aru-Inseln *Pseudomugil gertrudae* in einem Fluss im Sago Forest entdeckte, machte sich Heiko Bleher ebenfalls auf die Reise, um die Fischfauna dieser Inselwelt zu erkunden. Sein Hauptaugenmerk legte er u. a. auf den Fang von *P. gertrudae* am Fundort des Typusexemplars. Tatsächlich fing Bleher auf der Insel Tarangan im Sungai Sin *P. gertrudae* – und noch ein weiteres, etwas abweichendes Blauauge. Da es bis heute keine wissenschaftliche Untersuchung zu diesem Blauauge gibt, wird es bis zur Klärung *Pseudomugil* cf. *gertrudae* benannt.

Pseudomugil cf. *gertrudae* Aru 2
Foto: D. Godlinski

Pseudomugil cf. *gertrudae* Aru

Männchen von *Pseudomugil* cf.*gertrudae* Aru 4

Nachdem die ersten Fische dieser Form bei mir im Aquarium schwammen, tauchte noch eine weitere Variante mit der Bezeichnung *Pseudomugil* cf. *gertrudae* Aru 4 auf, während man die zuerst aufgetauchte Variante nun als *Pseudomugil* cf. *gertrudae* Aru 2 bezeichnete – ein großes Durcheinander also. Ich bin zwar der Meinung, dass diese beiden Varianten ein und dieselbe Art sind, da Heiko Bleher selbst in seinem Bericht auch nur von einem *P. gertrudae* berichtet, doch bis zur völligen Klärung sollten wir sie wohl besser weiter so bezeichnen.

Dieses Blauauge ist jedenfalls, wie man auf dem Bild sehen kann, ein wunderschöner Fisch mit einem blau irisierenden Körper, der im hinteren Teil mit einem schwarzen Strich gezeichnet ist. Die Schuppen sind leicht schwarz umrandet, und die Bauchgegend ist gelborange gefärbt. Das Auge ist blau. Die Brustflossen sind am oberen Ende mit einem orangefarbenen Strich versehen, der bei manchen Exemplaren weiß oder sogar rot gefärbt sein kann. Die unpaaren Flossen, also die erste und zweite Rückenflosse sowie die Afterflosse, sind transparent bis leicht gelblich und mit schwarzen Punkten versehen. Die Afterflosse ist vorne im unteren Teil weiß und sichelförmig ausgezogen. Die Schwanzflosse ist wie der Körper gefärbt und ebenfalls mit schwarzen Punkten versehen; ein großer roter Punkt ziert das untere Ende. Weibchen sehen einheitlich gelblich aus und haben nur eine dezente Körper- und Flossenfärbung. Um diesen Fisch für die Aquaristik zu erhalten, habe ich einen Teil meiner Zuchtgruppe an eine große Züchterei abgegeben, und dort wurde er reichlich vermehrt – daher ist

Weibchen von *Pseudomugil*

Ein echte Schönheit: Männchen des Gabelschwanz-Blauauges
Foto: R. Hußmann

Pseudomugil furcatus
Nichols, 1955

Das Verbreitungsgebiet dieser Art ist auf der Karte unter Punkt 2 eingezeichnet

Deutscher Name: Gabelschwanz-Blauauge
Entdecker: H.-M. van Deusen, 1953
Fundort des Holotypus: Papua-Neuguinea, Peria Creek (Seitenarm des Kwagira River)
Weitere Fundorte: Papua-Neuguinea zwischen Dyke Auckland Bay und Collingwood Bay
Synonyme: *Popondetta furcata, Popondichthys furcatus*

Pseudomugil furcatus bezeichne ich immer als den Prototyp eines Blauauges, auch deshalb, weil er im Handel und auf Aquarienfischbörsen häufig angeboten wird. Ich halte *P. furcatus* nun seit 18 Jahren und habe in dieser langen Zeit noch keinerlei Antipathie gegen diesen attraktiven Fisch entwickelt, zumal wir es hier mit einer gut haltbaren Art zu tun haben, die sich leicht vermehren lässt.

Pseudomugil furcatus, Weibchen
Foto: D. Godlinski

1953 entdeckte H.-M. van Deusen auf einer Expedition in Papua-Neuguinea im Peria Creek, einem Zufluss zum Kwagira River, bei Pumani diese neue Blauaugenart, die Nichols dann 1955 als *P. furcatus* beschrieb. 1980 ent-

Zwei Männchen beim Imponieren Fotostrecke: R. Hußmann

Aquarium mit *Pseudomugil furcatus* Foto: D. Godlinski

deckten G. Allen und B. Crockford ganz in der Nähe bei der Stadt Popondetta eine zweite neue Art, und zwar *P. connieae*, die Allen 1981 wegen des Fundorts unter dem ebenfalls neuen Gattungsnamen *Popondetta* beschrieb. In diese Gattung stellte er auch *P. furcatus*, doch da dieser Name, wie sich später herausstellte, schon für eine Käfergattung verwendet wurde, musste Allen die beiden Arten *furcatus* und *connieae* bald darauf in eine andere Gattung überstellen: in die von ihm ebenfalls neu beschriebene *Popondichthys*. Bei ihrer späteren Revision der Familie Pseudomugilidae überstellten Allen und Kollegen (Saeed et al. 1989) aufgrund der engen Verwandtschaftsverhältnisse die beiden Arten doch wieder in die Gattung *Pseudomugil*. Aber noch heute, 20 Jahre später, werden sie von manchen Händlern und Aquarianern mit diesen Gattungsnamen betitelt.

Der Artname *furcatus* bezieht sich auf die gegabelte Schwanzflosse, und daher rührt auch der deutsche Name Gabelschwanz-Blauauge. Die erwachsenen Männchen werden ca. 6–7 cm lang, während die Weibchen kleiner bleiben. Der Körper von *P. furcatus* ist transparent und gelb gefärbt. Das Auffälligste an den Fischen sind aber ihre Flossengestaltung und -färbung. Die Afterflossen und die beiden Rückenflossen sind an der dem Körper zugewandten Seite grauschwarz, während die Flossenspitzen gelb gefärbt sind. Die erste Rückenflosse läuft spitz aus. Die Schwanzflosse ist in der Mitte grauschwarz angehaucht, während ihr oberer und unterer Teil kräftig gelb gefärbt ist; der obere und untere Rand schließlich ist tiefschwarz. Die Brustflossen sind wie kleine Flügel ausgearbeitet und am oberen Rand schön orangerot gefärbt. Wenn diese Fische so durchs Becken schwimmen, sieht es in der Tat aus, als wenn Schmetterlinge durchs Wasser schwirren. Es ist

Pseudomugil furcatus, Paar beim Ablaichen

Pseudomugil furcatus

Wie Schmetterlinge im Aquarium; verschiedene Männchen des prächtigen Gabelschwanz-Blauauges (*Pseudomugil furcatus*) Fotos: R. Hußmann

Das Gabelschwanz-Blauauge ist gut haltbar und leicht zu vermehren
Foto: R. Hußmann

ein herrlicher Anblick, wenn ein Schwarm von *P. furcatus* in einem gut bepflanzten Aquarium sein Spielchen treibt.

Meine *P. furcatus* halte ich in einem 112-Liter-Aquarium, was für einen Schwarm von 20 Fischen die unterste Grenze darstellt. Man sollte darauf achten, dass in dem Schwarm möglichst die weiblichen Tiere in der Mehrzahl sind. Die Geschlechter unterscheidet man daran, dass die Weibchen nicht so intensiv gefärbt sind und auch weniger imposante Flossen haben – die Beflossung ist nicht so lang ausgezogen und weniger auffällig gefärbt. Außerdem sind die Weibchen etwas kleiner als die Männchen. Ab und zu ergänze ich den Besatz in diesem Becken mit einigen Jungfischen.

Der Boden des Aquariums ist mit einer dünnen Schicht aus schwarzem Kies bedeckt, sodass die gelben Flossen der Tiere besonders gut zur Geltung kommen. Eine große *Anubias*-Pflanze ist der einzige Einrichtungsgegenstand. Da dieses Aquarium in der unteren Reihe meiner Zuchtanlage steht, ist die Wassertemperatur etwas kühler und hat sich bei 22 °C eingependelt. Ich bin der Meinung, dass diese Temperatur zur Haltung und Zucht dieser Art ausreicht; die Fische zeigen es mir mit brillanten Farben und ausreichend Nachzuchten. Bei zu warmer Haltung habe ich dagegen die Erfahrung gemacht, dass die Fische nicht so langlebig sind.

Pseudomugil furcatus, Männchen
Foto: D. Godlinski

Pseudomugil furcatus
Foto: R. Hußmann

Als „Reinigungstruppe“ in diesem Becken habe ich ein Pärchen Antennenwelse und einige Garnelen eingesetzt. Ich plädiere eigentlich für eine Haltung im Artenbecken, es ist aber auch möglich, sie mit anderen Blauaugen und Regenbogenfischen zusammen zu halten. Meine Jungfische werden zum Beispiel meist mit Regenbogenfischen gemeinsam aufgezogen. Als Beleuchtung verwende ich Gro-Lux-Röhren, die etwas diffuser als Tageslicht- bzw. Warmton-Röhren wirken. Bei Verwendung von helleren Röhrentypen erweisen sich meine *P. furcatus* immer als recht schreckhaft, was sich bei üppiger Bepflanzung bessern kann.

Die Wasserwerte in diesem Becken sind folgendermaßen: pH-Wert 7,2, 10 °dGH und Leitwert 320 µs/cm. Nach meiner Erfahrung sind dies ideale Werte, und da sie fast ohne Schwankung so aus der Leitung kommen, führe ich regelmäßig einen wöchentlichen Wasserwechsel von 20 Litern durch, wobei ich mit Leitungswasser auffülle. Bei jedem zweiten Wasserwechsel reinige ich mit einer Mulmglocke zusätzlich den Boden. Der Innenfilter, der aus 5 cm dickem, blauem Filterschwamm besteht und die ganze Rückwand einnimmt, wird alle drei Monate unter fließendem, lauwarmem Wasser ausgewaschen. Wenn man die Vorschläge berücksichtigt, hat der Halter sehr viel Freude mit diesen Fischen. Die Fütterung und recht einfache, produktive Nachzucht dieser Art erfolgt wie im Kapitel „Nachzucht“ beschrieben.

Die Weibchen sind etwas kleiner und deutlich schlichter gefärbt als die Männchen
Foto: R. Hußmann

Pseudomugil tenellus
TAYLOR, 1964

Deutscher Name: Zartes Blauauge
Entdecker: R.R. Miller, 1948
Fundort des Holotypus: Australien, Northern Territory, Zufluss des East Alligator River (laut ALLEN)
Weitere Fundorte: In Australien von Darwin ostwärts bis zum Blyth River, Cape York am Edward River, in Papua-Neuguinea am Bensbach River

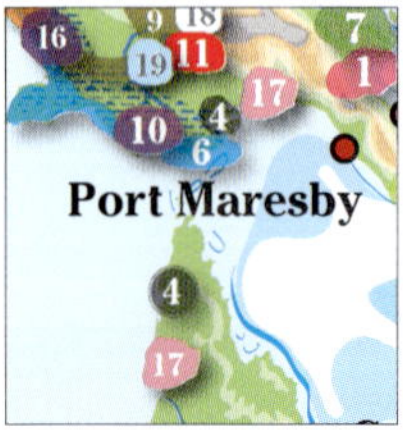

Die Verbreitungsgebiete dieser Art sind auf der Karte mit der Nummer 17 gekennzeichnet

Pseudomugil tenellus wurde im Jahr 1948 von dem Amerikaner Miller im Gebiet des East Alligator River im Northern Territory gefunden. Sein Verbreitungsgebiet erstreckt sich in Australien über das Northern Territory und um den Golf von Carpentaria bis nach Cape York, während auf Neuguinea Vorkommen im Bereich des Bensbach River bekannt wurden; ich vermute allerdings, dass die Verbreitung noch viel größer ist.

Beschrieben wurde dieser Fisch 1964 von TAYLOR, doch nach Europa eingeführt wurde er meines Wissens erst 1982; er war damals unter Regenbogenfischfreunden sehr beliebt, und dies hat bei mir bis heute angehalten. Meine ersten *P. tenellus* bekam ich von dem niederländischen Aquarianer Wim Heemskerk. Von diesen Tieren stammt meine heutige Zuchtgruppe ab, die aber sporadisch immer wieder mit Nachzuchten von anderen Züchtern aufgefrischt wurde.

Seiten 40 und 41: *Pseudomugil tenellus*, Pärchen

Pseudomugil tenellus ist ein schlankes, lang gestrecktes Blauauge, das bei mir in normalem Leitungswasser mit den oben erwähnten Werten und bei einer Temperatur von 24 °C gehalten wird. In den Fachbüchern wird diese Art als weniger farbenprächtig bezeichnet; meist wird auch eine Fotografie von einem wenig auffallend gefärbten Tier gezeigt. Nach meinem Empfinden handelt es sich aber sehr wohl um ein schön gefärbtes Blauauge, man muss es nur im richtigen Augenblick beobachten. Die Körperfarbe liegt zwischen Erdfarben und Braungrau, wobei die einzelnen Schuppen leicht schwarz eingefasst sind und daher der Eindruck eines Netzmusters entsteht. Entlang der Laterallinie befinden sich einige schwach irisierende Flecken, die in den Farben Türkis bis Silber strahlen. Diese Körperfärbung wirft einen nun vielleicht nicht wirklich vom Hocker, aber die Flossen …
Ihre Grundfarbe besteht aus einem dunklen Braun, das mit prächtigen goldenen Punkten unregelmäßig gesprenkelt ist – und besonders schön anzusehen sind bei der Balz die zwei weißen Linien oben und unten in der Schwanzflosse. Diese Farbenpracht zeigen allerdings nur die Männchen, und richtig intensiv auch nur bei der Balz. Weitere Geschlechtsunterschiede sind die Größe, denn Weibchen bleiben etwa 2 cm kleiner als Männchen, die bei mir – entgegen der Literatur – bis 6 cm lang werden.

Ich halte meinen Zuchtstamm von etwa 30 Tieren in einem Aquarium mit 120 Litern Inhalt, das über einen luftgetriebenen Schaumstoffinnenfilter (Marke Eigenbau) gefiltert wird. Der Bodengrund besteht aus einer dünnen Schicht Kies mit 1 mm Körnung. Die Einrichtung besteht aus einer *Anubias barteri* var. *nana*, die auf einer Wurzel befestigt ist, und zwei Röhren für die Welse. Das Becken wird nur spärlich beleuchtet. Als Laichsubstrat dient ein aus synthetischer

Pseudomugil tenellus ist ein idealer Einsteigerfisch

Wolle hergestellter Mopp, der frei im Becken schwimmt. Dieser Mopp sollte bis fast auf den Boden reichen, doch können auch andere Substrate wie Javamoos oder ähnliche Pflanzen verwendet werden. Gefüttert werden die Fische ein Mal am Tag mit Salinenkrebsen, Tümpelfutter, dekapsulierten *Artemia*-Eiern, feinem Trockenfutter und selbst gezüchtetem Futter wie Fliegen, Mikro, Grindal usw.

Die Nachzucht dieser Art ist recht einfach und zugleich produktiv. Zur Vermehrung schreiten die Tiere bei mir morgens und abends. Die Männchen umschwirren bei der Balz die Weibchen wie kleine Schmetterlinge, abgelaicht wird meistens im unteren Drittel des Aquariums. Die Eier sind mit ca. 2 mm gegenüber Regenbogenfischeneiern recht groß. Die Fische stellen ihrem Laich und den Jungfischen nach, aber wenn man das Aquarium gut bepflanzt hat, kommen immer ein paar Jungtiere durch. Ich bevorzuge bei dieser Art die einfache Methode des Eierabsammelns, so kann man die benötigte Menge an Nachzuchttieren am besten kontrollieren. Dies ist zwar nicht die ertragsreichste Zuchtmethode, aber für meine Zwecke reicht es. Die ersten Jungfische schlüpfen nach ca. 8–10 Tagen und müssen sofort angefüttert werden. Da der Nachwuchs bei dieser Art schon recht groß ist, können gleich *Artemia*-Nauplien gereicht werden, aber ich biete auch anderes Kleinstfutter an. *Pseudomugil tenellus* braucht etwa sechs Monate bis zur Geschlechtsreife und hat eine Lebenserwartung von zwei Jahren. Er ist ein idealer Einsteigerfisch, mit dem man sehr gut seine ersten Erfahrungen mit Blauaugen sammeln kann.

Pseudomugil connieae
Allen, 1981

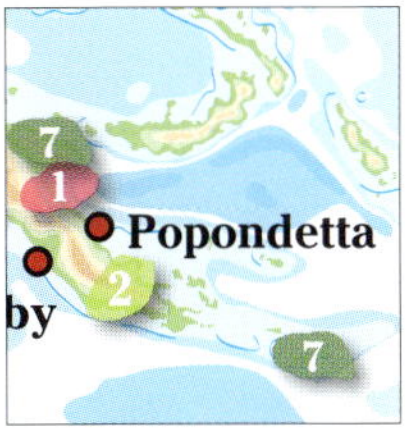

Auf der Karte ist das Vorkommen der Art mit der Nummer 1 gekennzeichnet

Deutscher Name: Popondetta-Blauauge
Entdecker: Parkinson und Allen, 1978
Fundort des Holotypus: Nähe von Popondetta im Osten von Papua-Neuguinea
Synonyme: *Popondichthys connieae, Popondetta connieae*

Meine erste Bekanntschaft mit *Pseudomugil connieae* machte ich durch eine Verwechselung, indem ich mit einem englischen IRG-Mitglied (IRG = Internationale Gesellschaft für Regenbogenfische) Fischeier tauschte: Er bekam von mir Eier von *Glossolepis wanamensis* und ich von ihm angeblich einige Eier von *P. furcatus*. Von diesen 15 Eiern schlüpften tatsächlich fünf Jungfische, die ich hegte und pflegte – am Ende hatte ich dann ein Geschlechterverhältnis von vier Männchen zu einem Weibchen, was natürlich nicht die beste Relation ist. Nach etwa fünf Monaten setzten die Fische dennoch die ersten Gelege ab, und ich konnte meinen Bestand erhöhen; allerdings war ich mir noch immer nicht sicher, ob ich wirklich *P. furcatus* hatte. Über meinen örtlichen Zoohändler bestellte ich mir kurze Zeit später *P. connieae*, die sich ebenfalls zu herrlichen Tieren entwickelten. Nachdem ich dann die ersten Bücher von G. Allen über Regenbogenfische in englischer Sprache in den Händen hatte, fiel es mir wie Schuppen von den Augen: Ich hatte beide Male die falschen Fische bekommen – zunächst Eier von *P. connieae*, dann über den Händler *P. furcatus* –, was aber immer noch besser war, als zwei Mal dieselbe Art zu erhalten.

Pseudomugil connieae

Pseudomugil connieae

Diese Geschehnisse sind jetzt etwa 18 Jahre her, und von diesen Fischen stammen meine heutigen Aquarienstämme; sie sind sozusagen ihre „Ururururenkel". Ich habe mir immer die besten Jungfische für Nachzuchten ausgesucht und von anderen Aquarianern die kräftigsten Tiere hinzugekauft – auf diese Weise konnte ich die Schönheit beider Arten erhalten.

Für ein ungeübtes Auge ist es nicht gerade einfach, diese beiden eng verwandten Arten auseinanderzuhalten, die damals, als ich auf dem Gebiet Blauaugen ein Neuling war, auch noch einen anderen Gattungsnamen trugen. Denn *P. connieae* wurde zuerst unter den Gattungsnamen *Popondetta* bzw. *Popondichthys* beschrieben, in die auch *P. furcatus* überstellt wurde. Beide Arten haben ihren Fundort im Flusseinzugsgebiet nahe der Stadt Popondetta im östlichen Zipfel von Papua-Neuguinea. Den Artnamen „*connieae*" wählte der Erstbeschreiber Gerald ALLEN, ein Amerikaner, der in Australien lebt und arbeitet, übrigens zu Ehren seiner Frau. ALLEN ist wohl der beste Kenner von Regenbogenfischen und Blauaugen.

Von der Körpergestalt ist zwischen *P. connieae* und *P. furcatus* kaum ein Unterschied auszumachen, aber die Färbung unterscheidet die beiden Arten doch erheblich. Das Auge ist bei beiden im Verhältnis zum Kopf ziemlich groß und entsprechend dem Namen blau, doch ist auch der Körper von *P. connieae* dezent metallisch blau gefärbt – diese Farbe zieht sich bis in den oberen Bereich des Kopfes. Die untere Kopfregion, Kehle und vordere Bauchregion ist dagegen gelb gefärbt. Die Laterallinie ist grauschwarz gezeichnet, aber nicht immer zu sehen. Die erste Dorsale ist, von unten angefangen, erst schwarz, dann blau-

Das Popondetta-Blauauge stammt aus dem Osten Papua-Neuguineas

weiß und der spitz auslaufende Rest kann von gelb bis kräftig orange gefärbt sein. Die zweite Dorsale und die Afterflosse sind schwarzblau, ihre Spitzen sind gelbweiß. Die Schwanzflosse ist im Zentrum schwarz, der obere und der untere Teil sind blauweiß. Die kleinen Bauchflossen sind nicht stark ausgezogen und fast farblos. Die auffälligen Brustflossen sind nach oben gerichtet, ihre Spitzen blauweiß gefärbt, und es sieht so aus, als ob die Fische damit durchs Wasser fliegen würden.

Nach Meinung vieler Blauaugenhalter soll es von dieser Art zwei Farbvarianten geben; dies ist aber bislang nicht wissenschaftlich belegt. Nach meiner Meinung kann der Unterschied auch an der Haltung, Beleuchtung, am Futter oder am Fotografen liegen. Was mich an diesem Fisch begeistert, genau wie bei vielen anderen Blauaugen, ist das Imponieren mit den prächtigen Rückenflossen und der Afterflosse, die die Tiere auch bei der Balz ruckartig aufstellen und wieder „einklappen".

Pseudomugil connieae ähnelt von der Körpergestalt *P. furcatus,* zeigt aber andere Farben

Die Haltung und Nachzucht von *P. connieae* sind meiner Meinung nach etwas schwieriger als die von *P. furcatus*, auch ist diese Art nicht so produktiv. Ich halte meine Tiere in einem 100-Liter-Aquarium, das mit einem Innenfilter ausgerüstet und dessen Boden mit einer dünnen Schicht Kies belegt ist. Als Bepflanzung befinden sich zwei Zwergspeerblätter (*Anubias barteri nana*) und zwei Wurzeln im Becken. Als Ablaichhilfe habe ich neben einem Mopp auch einen Büschel Javamoos auf dem Aquarienboden.

In diesem Aquarium halte ich 15–20 Tiere. Wöchentlich wird ein kleiner Wasserwechsel durchgeführt, wobei ich immer einen Teil Regenwasser zum Auffüllen verwende. Alle 4–5 Tage sammle ich aus dem Mopp die Eier ab und zeitige sie in einem Glasgefäß, bis die Jungfische geschlüpft sind, die ich in ein kleines Aufzuchtaquarium setze, wo sie sofort angefüttert werden. Auf diese Art und Weise erhalte ich meinen Bestand und kann in kleinen Mengen immer noch Nachzuchten an Aquarianer, Blauaugenfreunde und Händler abgeben.

Pseudomugil mellis

Pseudomugil mellis

Allen & Ivantsoff, 1982

Deutscher Name: Honig-Blauauge
Entdecker: G. Allen und H. Midgley, 12. März 1981
Fundort des Holotypus: Australien, Queensland, Nähe Perigan-Strand
Weitere Fundorte: Gewässer an der Ostküste zwischen Brisbane und Maryborough sowie nördlicher Teil der vorgelagerten Insel Fraser Island

Auf der Karte ist das Verbreitungsgebiet von *Pseudomugil mellis* unter der Nummer 8 zu finden

Dieses Blauauge wurde schon lange vor seiner Beschreibung von australischen Aquarianern gehalten und vermehrt. Es wurde seinerzeit als *Pseudomugil signifer* Honey Blue Eye bezeichnet, was aber nach genauer wissenschaftlicher Untersuchung nicht mehr haltbar war. Allen & Ivantsoff beschrieben dieses Blauauge daher als eigene Art, *P. mellis*. Der wissenschaftliche Name leitet sich ab von den bei den Männchen schön gezierten Flossen – *mellis* übersetzt bedeutet eben geziert oder geschmückt. Der deutsche Name Honig-Blauauge nimmt Bezug auf die Körperfärbung, die von Rehbraun bis Goldgelb variiert und etwas an Honig erinnert. *Pseudomugil mellis* wird nur knapp 3 cm groß, wobei die Weibchen etwas kleiner bleiben. Die braune Färbung des Körpers zieht sich bis in die Flossen fort, deren Enden schwarz gefärbt mit einem leuchtend weißen Rand sind. Den Weibchen fehlt diese auffällige Flossenfärbung.

Die Wasserwerte an den Fundorten dieser Art sind breit gefächert. Die pH-Werte der Gewässer liegen bei 4,5–7,5, wobei nach Auskunft von Heiko Bleher saure Werte überwiegen, der Härtegrad liegt bei 1–3 °dGH, und die Temperaturen schwanken von Biotop zu Biotop und je nach Jahreszeit stark zwischen 16 und 32 °C. Jeder Halter von *P. mellis* hat sein eigenes kleines Geheimnis bei der Wasserzusammenstellung; meine idealen Werte liegen bei pH 7,0, 10 °dGH, 300 µS Leitfähigkeit und einer Temperatur von ca. 24 °C. Zur Ansäuerung des Wassers hänge ich einen Netzbeutel mit Torfgranulat in das Aquarium. Ich führe einen wöchentlichen Wasserwechsel von 10–15 Litern durch und setze dem Wasser dabei einen Teelöffel Salz (Seesalz oder jodfreies Salz) zu – vor allem deshalb, weil ich glaube, dass die natürlichen Lebensräume zum Teil öfter dem Meerwasser ausgesetzt sind. Die Temperatur im Aquarium sollte nicht immer konstant auf nur einen Wert eingestellt sein, da in der freien Natur jahreszeitliche Schwankungen die Regel sind; auch kann man *P. mellis* dadurch zum Ablaichen stimulieren. „Mellis" haben natürliche Laichperioden, die in unsere Winterzeit fallen, also von Oktober bis März. Die Tiere laichen zwar auch in der übrigen Jahreszeit ab, aber vergleichsweise wenig.

Biotopbeschreibung am Fundort von *Pseudomugil mellis*:

Datum/Uhrzeit: 13.9.1994/15.00 Uhr

Aufgenommen von: GRUNWALD / SCHILLING

Fundort: Schnapper Creek, 1.150 km nördlich von Brisbane, an der Tin Can Bay Road, der Creek unterquert die Straße etwa 10 km südwestlich von Tin Can Bay

Gewässerart: Creek (Bach), tiefer (ca. 2 m), breiter Bachlauf mit steilen Ufern, langsam fließend, Wasser klar, teefarben, Sandboden mit einigen Wurzeln, einige Ansammlungen von Fadenalgen im Flachwasserbereich, keine höheren Pflanzen

Messwerte: pH 5,8; Lufttemperatur: 23 °C; Wassertemperatur 21,5 °C; Leitfähigkeit: 170 µS/cm

Beobachtete Fischarten: *Melanotaenia duboulayi*

Gefangene Fischarten: *Pseudomugil mellis, Hypseleotris compressa*

Da diese Blauaugen in der Natur stark gefährdet sind, ist ihre Entnahme aus den Heimatgewässern verboten. Leider war auch ihr Bestand in europäischen Aquarien zeitweise stark zurückgegangen. Beim Aufruf zu einer Bestandsliste in der IRG, die ich selbst führte,

8 Schnapper Creek: Biotop von *Pseudomugil mellis*
Fotos: W. Heemskerk

Pseudomugil mellis

wurde mir bewusst, dass es kaum noch Aquarienbestände von *P. mellis* gab. Lediglich drei Mitglieder hatten noch kleine Bestände, übernahmen eine Patenschaft und wollten die Art auf Dauer halten, nachzüchten und verbreiten. Glücklicherweise gelang es tatsächlich, den Bestand zu sichern, sodass wir schon 2002 wieder größere Aquarienbestände innerhalb der IRG hatten. Ich bin immer daran interessiert, zu erfahren, ob es noch weitere Tiere bei nicht organisierten Haltern in Deutschland oder im angrenzenden Ausland gibt.

Zwei imponierende Männchen von *Pseudomugil mellis*

Da mir die dauerhafte Bestandserhaltung gerade dieser Art sehr am Herzen liegt, möchte ich meine Haltungs- und Zuchterfahrungen hier besonders ausführlich darlegen.

Wir, damit meine ich die Blauaugenliebhaber der IRG, hatten lange auf diesen Fisch gewartet, bis Norbert Grunwald 1994 in Wuppertal von Gilbert Maebe neun *P. mellis* aus Australien erhielt. Meine ersten „Mellis" bekam ich von Norbert Grunwald schon auf der IRG-Jahreshauptversammlung 1995 in Flensburg, die ich damals selbst veranstaltete.

Aber der Reihe nach: Norbert Grunwald hatte 1994 mit einem Geschlechterverhältnis von vier Männchen und fünf Weibchen nur mäßigen Zuchterfolg, und dennoch sind diese Nachzuchten die Großeltern unseres heutigen Bestands. Auch ein späterer Import von Harro Hieronimus ändert an dieser Tatsache nichts. Meine ersten *P. mellis* gingen – nach heutigem Wissensstand wegen ungünstiger Haltungsbedingungen – leider ein, und ich bekam erst 1996 wieder Tiere von Vater und Sohn Heemskerk aus Arkel/Holland, die dieses und andere Blauaugen mit gutem Erfolg züchteten. Ihr Geheimnis war, immer etwas Salz in das Zuchtwasser zu geben, was eigentlich entgegen der Biotopbeschreibung und damit widersprüchlich war. Aber auch ich hatte damit in den folgenden Jahren sehr gute Zuchterfolge; meine

Jungtiere gingen bis nach Norwegen, und deswegen gab ich die Nachzucht schließlich auf, um mich anderen Arten zu widmen.

Ich möchte hier meine Erfahrungen mit einer Zuchtgruppe aus acht Männchen und elf Weibchen etwas ausführlicher schildern, die zeigen, wie steinig der Weg bis zu einer gut funktionierenden Zucht sein kann. Das erste Zuchtaquarium für *P. mellis* hatte die Maße 40 x 40 x 40 cm bei 54 Litern Inhalt, mit einem Schaumstoffinnenfilter bei mäßiger Förderung. Da dieses Aquarium in der unteren Etage meiner Zuchtanlage stand, betrug die Wassertemperatur nur etwa 22 °C. Im September, kurz nach Besatz, konnten kaum Eier abgesammelt werden bzw. die Eier entwickelten sich nicht. Dieser Zustand war für mich wenig befriedigend, also musste etwas geändert werden. Oft erzielte ich bei Blauaugen schon größeren Erfolg durch Paarhaltung, deswegen richtete ich zunächst zwei weitere Becken gleicher Größe ein, in die ich je ein Pärchen von *P. mellis* setzte. Die restlichen Tiere, sechs Männchen und neun Weibchen, blieben im alten Aquarium. Das Ergebnis war allerdings dasselbe: wenig überzeugend.

Der Praxistipp

Da *Pseudomugil mellis* bei dauerhafter *Artemia*-Fütterung zur Verfettung neigt, empfehle ich, höchstens ein Mal in der Woche eine kleine Portion *Artemia* zu verfüttern.

So startete ich im Oktober einen neuen Versuch und richtete ein größeres Aquarium mit den Maßen 60 x 40 x 40 cm und 96 Litern Inhalt ein – mit meinen schon genannten Leitungswasserwerten. Ich setzte eine Zuchtgruppe mit fünf Männchen und neun Weibchen in dieses Becken, doch das Ergebnis wurde kaum besser. Dann bestückte

Pseudomugil mellis wird nur knapp 3 cm groß

ich den Filter mit einem Beutel Torfgranulat, damit sich das Wasser etwas in den sauren Bereich veränderte. Damit konnte ich immerhin eine geringe Verbesserung in der Eizahl vermelden; aber auch diese Maßnahme brachte noch immer nicht „den Erfolg".

Das war also der Stand Mitte Oktober, und bei einem Gespräch mit Wim Heemskerk schlug dieser einen Salzzusatz vor. Ich gab nun also zehn Teelöffel Kochsalz ohne Jod ins Aquarium (die Salzwassermischung wurde vorher angerührt) und wartete. Der Nachzuchterfolg war jetzt tatsächlich etwas besser, aber ich war bei anderen Blauaugenarten doch noch mehr gewohnt. Schließlich erhöhte ich durch Einsatz eines Regelheizers die Temperatur im Aquarium auf 27 °C – und dann ging endlich die Post ab: Ich erzielte in nur fünf Tagen 66 Eier, und nach 12 Tagen schwammen 48 Nachzuchtfische in einem kleinen Becken. Vielleicht hatte dieser Erfolg nicht nur mit der Erhöhung des Salzgehalts und der Wassertemperatur zu tun, sondern auch mit dem Beginn der natürlichen Laichzeit von *P. mellis*.

Ich möchte meine Erfahrungen keinesfalls verallgemeinern, allerdings sollten die „Mellis" auch nach einem Bericht im „Regenbogenfisch" von Detlef WERNER, einem professionellen Züchter aus Nonnewitz bei Zeitz, starken jahreszeitlichen Temperaturschwankungen ausgesetzt werden. Außerdem gab dieser Züchter den Tipp, *P. mellis* außerhalb der Laichzeit generell sehr sparsam zu füttern, um bei Beginn der Nachzucht die Nahrungsgabe deutlich zu erhöhen. Meistens werden unsere Fische das ganze Jahr über wie Mastschweine behandelt.

Zusammengefasst ergeben sich folgende Zuchtbedingungen für *Pseudomugil mellis*:

1	Haltung einer Zuchtgruppe in einem Artenaquarium
2	Die Gruppe sollte aus mehreren Männchen mit leichtem Weibchenüberhang bestehen
3	Haltung im Sommer bei 23 °C und ab Mitte Oktober Erhöhung auf 27 °C
4	Leichte Salzzugabe bei Erreichen der Laichzeit im Oktober
5	Man sollte nicht mit zu alten Tieren züchten

Die Jungfische müssen nach dem Schlupf sofort angefüttert werden; anfangs reiche ich Pantoffeltierchen und staubfeines Trockenfutter, nach einer Woche auch Nauplien des Salinenkrebses und ausgesiebtes Tümpelfutter.

Pseudomugil cyanodorsalis

Pseudomugil cyanodorsalis

Allen & Sarti, 1983

Mit der Nummer 3 ist das Verbreitungsgebiet der Art gekennzeichnet

Deutscher Name: Blaurücken-Blauauge
Entdecker: Helen Larson, 1981
Fundort des Holotypus: Westaustralien, Crab Creek
Weitere Fundorte: Buffalo Creek, Elizabeth River (Nordaustralien), Umgebung von Broome und Wyndham

Diese Art wurde 1981 an zwei verschiedenen Fundorten von Helen Larson und kurz danach von den beiden Ichthyologen Allen und Sarti entdeckt, die sie 1983 auch beschrieben. Die beiden Biotope liegen im Norden von Australien, in der Nähe von Darwin, und im nördlichen Westaustralien, in der Nähe von Broome und Wyndham. Diese Blauaugen, die nur ca. 2,5 cm lang werden, kommen in küstennahen Gewässern und Mangroven vor, die einer gewissen Tide ausgesetzt sind. Der Salzgehalt dieser Gewässer kann recht hoch werden, was bei der Haltung bedacht werden sollte. Entsprechend dem deutschen Namen haben die Männchen einen metallic blauen Rücken, der Rest

Das Blaurücken-Blauauge wird grade mal ca. 2,5 cm lang

Pseudomugil cyanodorsalis im Aquarium

des Körpers ist silbrig-transparent. Beim Imponieren und bei der Balz ist dieser Teil des Körpers sehr schön hellgelb gefärbt. Die zweite Rückenflosse und die Afterflosse sind sichelförmig ausgezogen und gelb, der vordere Teil schwarz. Die Weibchen sind silbergrau gefärbt. Während der Balz sind die Männchen intensiver gefärbt und stellen ihre sichelförmigen Flossen immer wieder auf und ab.

Die Haltung dieser Art macht keine Schwierigkeiten, solange das Haltungswasser genügend aufgesalzt wird. Die Dosierungen sind bei verschiedenen Aquarianern unterschiedlich, sie können von 5–20 Gramm Seesalz pro Liter Wasser betragen. Eine Haltung ohne Salzzusatz beschert *P. cyanodorsalis* kein langes Leben, die Färbung ist dann nicht so intensiv, und die Nachzuchterfolge lassen nach.

Die Beckengröße sollte für 10 Tiere etwa 20 Liter betragen; ich halte meinen Schwarm von ca. 30–40 Tieren in einem Aquarium mit den Maßen 80 x 40 x 40 cm und einem Inhalt von 112 Litern. Gefiltert wird über einen luftgetriebenen Innenfilter. Ein grün bepflanztes Becken kann man bei solchen Wasserwerten nicht erwarten, versuchen kann man es mit *Caulerpa* oder Plastikpflanzen (die heute meist wie echte Pflanzen aussehen). Als Einrichtungsgegenstände eignen sich verschiedene Gesteinsarten, wobei ich mein Aquarium ganz ohne Einrichtung betreibe und auch auf Bodengrund vollständig verzichte. Der Wasserwechsel sollte ein Mal wöchentlich mit dem passenden, aufgesalzten Wasser gemacht werden. Mit der Salzkonzentration nehme ich es allerdings nicht mehr so genau: Sie schwankt zwischen 5 und 20 Gramm pro Liter Wasser. Da *P. cyanodorsalis* ein oberflächenbezogener Fisch ist, plädiere ich für eine gute Abdeckung des Aquariums. Und dementsprechend sollte auch die Nahrung gewählt werden; ich empfehle kleine stummelflügelige *Drosophila*, *Cyclops* und Salinenkrebse.

Pseudomugil cyanodorsalis benötigt salzhaltiges Wasser

Die Nachzucht dieser Blauaugenart ist recht einfach und produktiv, wobei es verschiedene Möglichkeiten der Zucht gibt. Ich möchte hier eine bequeme und zugleich erfolgversprechende Variante vorstellen, das sogenannte Überlaufsystem. Dazu verwende ich ein Aquarium mit den Maßen 80 x 40 x 30 cm, das mit einer nicht ganz zur Wasseroberfläche reichenden Glasscheibe im Verhältnis von einem Drittel zu zwei Dritteln abgetrennt wird. Das fehlende Stück bis zur Wasseroberfläche verschließe ich mit einem Fliegengitter. In die kleinere Kammer wird nun ein luftbetriebener Innenfilter oder ein schwacher Motorfilter montiert, der die Aufgabe hat, das Becken zu filtern und dabei das Wasser von der kleinen zur großen Kammer zu befördern. Dadurch steigt permanent der Wasserstand in der großen Kammer, und das Wasser läuft ständig über die Abtrennscheibe wieder in die kleine Kammer zurück – das ist der Überlaufeffekt. Die große Kammer wird nun mit einem Wollmopp, der bis zum Boden reicht, ausgerüstet, und die Zuchttiere werden eingesetzt. Da diese Blauaugen Dauerlaicher sind, kann man schon nach 15 Tagen mit den ersten Jungfischen rechnen, die an der Wasseroberfläche hängen und durch den Überlauf in die kleine Kammer gespült werden. In dieser Kammer, jenseits des Fliegengitters, sind sie vor den Nachstellungen der Elterntiere geschützt und können bis zu einer Größe von 1,5 cm heranwachsen, um dann abgegeben oder in die große Kammer gesetzt zu werden – somit wird die Zuchtgruppe erhalten bzw. vergrößert. Im Laufe der Jahre können Degenerationserscheinungen auftreten und *P. cyanodorsalis* wird dann nicht mehr so groß. Das Blaurücken-Blauauge ist sicher kein Verkaufsschlager, für mich als „Blauaugenfreak“ aber durchaus erhaltenswert.

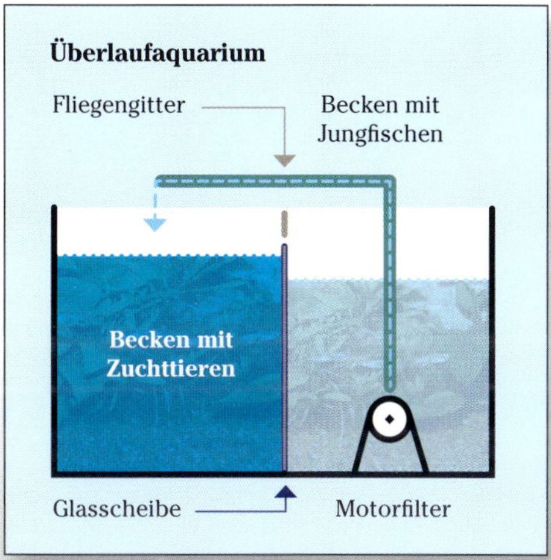

Das Verbreitungsgebiet ist auf der Karte mit der Nummer 13 gekennzeichnet

Pseudomugil reticulatus
ALLEN & IVANTSOFF, 1986

Deutscher Name: Genetztes Blauauge
Entdecker: Gerald Allen und Heiko Bleher, 1982
Fundort: Neuguinea, Zufluss des Ajamura-Sees, 2 km östlich des Dorfs Ajamura

Entdeckt wurde *P. reticulatus* 1982 in Neuguinea, und zwar auf einer Sammelreise von Heiko Bleher und Gerald Allen in einem Zufluss des Ajamaru-Sees auf der Vogelkop-Halbinsel. Obwohl damals nur ein Exemplar gefangen wurde – und dann auch noch ein Weibchen –, reichte es zur Beschreibung einer neuen Art, die ALLEN & IVANTSOFF 1986 vornahmen. Danach war lange Zeit Ruhe um diesen Fisch, bis 1997 eine erneute Beschreibung in der Zeitschrift „Aqua – Journal of Ichthyology and Aquatic Biology" erschien. Der Beitrag befasste sich allerdings mit Tieren aus der Nähe der Timika-Bucht, die vom Typusfundort von *P. reticulatus*, dem Ajamaru-See, ca. 700 km entfernt lag. Es handelte sich hierbei offensichtlich um eine Fehlbestimmung, und die Tiere wurden später als *P. ivantsoffi* neu beschrieben (siehe folgendes Kapitel). Beide Arten waren bis dahin aber noch nicht in Liebhaberhänden gewesen.

Genetztes Blauauge

Heiko Bleher, dem wir gerade in Sachen Regenbogenfischen und Blauaugen einiges zu verdanken haben, brachte von einer weiteren Reise an den Ajamaru-See dann tatsächlich erstmals einige Exemplare des echten *P. reticulatus* nach Europa mit. Sie wurden von seinen Vertragszüchtern vermehrt, sodass ich über Heinrich Gewinner, Bensheim, Mitte 2000 als einer der ersten zehn Jungfische dieser Art mit einer Länge von 1,5 cm bekam. Als ich die Blauaugen beim Abholen in Bensheim im Aquarium sah, dachte ich aufgrund der starken Ähnlichkeit zunächst, es könnte sich auch um einen Killifisch der Gattung *Nothobranchius* handeln.

Pseudomugil reticulatus erreicht eine Gesamtlänge von ca. 3,5 cm und wird recht hochrückig. Seine Flossen sind rundlich, aber nicht sehr groß bzw. auch nicht lang ausgezogen. Die Färbung dieser Art liegt zwischen Blassorange und einem kräftigen Orangerot bei der Balz. Die Schuppenränder sind schwarz abgesetzt, und es sieht so aus, als sei der Körper mit einem Netz überzogen – was dem Fisch auch seinen deutschen Namen gab.

Für die zehn Jungfische dieser Seltenheit hatte ich zuhause bereits ein Aquarium eingerichtet; die Neulinge zeigten sich in den

Pseudomugil reticulatus besitzt rundliche, nicht besonders große Flossen

Pseudomugil reticulatus

nächsten Tagen recht scheu, doch gab sich dies später, und ich konnte mich bald an der Schönheit dieser Art erfreuen. Nachdem sich meine „Reticulatus" eingelebt hatten – gehalten wurden sie in normalem Leitungswasser mit den oben genannten Werten –, untersuchte ich die eingehängten Laichsubstrate nach abgelegten Eiern. Es verschlug mir fast die Sprache, als ich feststellte, welch große Eier so ein kleiner Fisch legen kann. Die Eier schienen sich zwar zu entwickeln, aber trotz aller Tricks schlüpften zunächst keine Jungfische, obwohl schon 31 Tage vergangen waren. Natürlich kann es bei Blauaugen bis zum Schlupf recht lange dauern, aber so eine lange Entwicklungszeit habe ich noch nicht erlebt. Ich hatte die Hoffnung – bis auf einen kleinen Funken – schon aufgegeben, als es nach 35 Tagen dann doch soweit war: der erste Jungfisch.

Da gerade zu diesem Zeitpunkt mein Urlaub anstand, musste ich mit einer gezielten Nachzucht dieser Art erstmal pausieren. Als ich wieder nach Hause kam, war ich umso gespannter. Wie immer hieß es direkt nach dem Koffertragen ins Haus: Gang in die Garage, wo sich meine Zuchtanlage befindet, und eingehende Kontrolle der Aquarien. Das Becken mit den „Reticulatus" wurde natürlich als Erstes und besonders eingehend untersucht – und tatsächlich entdeckte ich in dem mit *Najas guadelupensis* dicht bepflanzten Becken eine Menge Jungfische. Offensichtlich ist die Vermehrung dieser Art doch eine recht einfache Sache: Man braucht die Jungfische im Daueransatz eigentlich nur abzuschöpfen. Sie sind schon recht groß und bewältigen sofort nach dem Schlupf *Artemia*-Nauplien oder gesiebtes Tümpelfutter.

Pseudomugil reticulatus lässt sich im Daueransatz leicht vermehren

Pseudomugil ivantsoffi
aus dem Deki River

Pseudomugil ivantsoffi

Allen & Renyaan, 1999

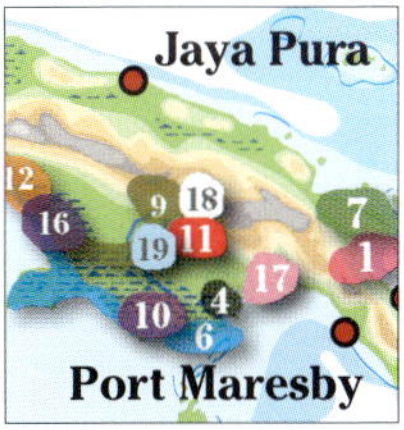

Das Verbreitungsgebiet dieser farbenfrohen Art ist auf der Karte mit der Nummer 16 gekennzeichnet

Deutscher Name: Timika-Blauauge
Entdecker: Allen, 1995
Typusfundort: Neuguinea, Irian Jaya (autonome indonesische Provinz Westpapua), Timika-Bucht
Weitere Fundorte: Einzugsbereich Kopi River und Iweka River

Um die korrekte Benennung dieses 1995 in Neuguinea entdeckten Fisches gab es einige Unstimmigkeiten, denn die Art wurde zunächst als Wiederentdeckung von *P. reticulatus* bezeichnet, was bei Kennern in der Blauaugenszene allerdings für Unmut sorgte. Vor allen Dingen ließ dies Heiko Bleher so lange keine Ruhe, bis er 1999 den echten *P. reticulatus* fangen konnte (siehe vorhergehendes Kapitel). So wurde das 1995 falsch als *P. reticulatus* bestimmte Blauauge zunächst als *Pseudomugil* spec. Timika bezeichnet und kurz darauf von Allen & Renyaan (1999) als *P. ivantsoffi* neu beschrieben.

Pseudomugil ivantsoffi, Kopi River

In den darauffolgenden Jahren entdeckten Aquarianer noch einige Fundortvarianten dieser Art, die auf eine DNA-Untersuchung warten und – wenn es denn verschiedene Arten sein sollten – auch auf ihre Neubeschreibung. In Deutschland sind derzeit nur noch zwei Varianten von *P. ivantsoffi* verfügbar, die mit den

Pseudomugil ivantsoffi aus dem Kopi River, rechts ein Weibchen

Zusatzbezeichnungen Kopi River bzw. Deki Creek bezeichnet werden. Sie sind zwar nicht im Handel erhältlich, mit etwas Glück kann man sie aber bei spezialisierten Aquarianern bekommen.

Pseudomugil ivantsoffi kommt in klaren, langsam fließenden Bächen im dichten Tieflandregenwald der Timika-Region in Westpapua vor. Nach meiner Meinung ist dies eines der schönsten Blauaugen, mit dem kleinen Nachteil, dass dominante Männchen in zu kleinen Aquarien sehr aggressiv gegenüber ihren Geschlechtsgenossen sind. Ansonsten gibt es mit der Pflege und Nachzucht, die wie bei anderen Arten erfolgen kann, keine Probleme.

Paar von *Pseudomugil ivantsoffi*, Kopi River

Weitere Pseudomugil-Arten

Die folgenden Blauaugen gehören in die Kategorie „nicht beschaffbar". Das bedeutet, dass sie noch nie nach Europa eingeführt wurden bzw. dass derzeit keine Bestände mehr bei Aquarianern vorhanden sind. Obwohl ich einige dieser Blauaugen schon gepflegt und gezüchtet habe, ist es mir nicht gelungen, sie im Bestand zu erhalten. Auch Abgaben an andere Aquarianer und gewerbliche Züchter hatten nicht den notwendigen Erfolg. In den nächsten Jahren könnte es durch private Initiative vielleicht gelingen, die eine oder andere Art erneut nach Europa einzuführen. Ich hoffe, dass dies gelingt und – was ich immer noch glaube – dass die bislang bekannten Arten noch nicht das „Ende der Fahnenstange" sind.

Aus diesem Grund werde ich die folgenden Blauaugen nur ganz kurz auflisten und – sofern vorhanden – mit Bildern versehen.

Pseudomugil inconspicuus Roberts, 1978

Deutscher Name: Unscheinbares Blauauge
Entdecker: T. Roberts, 1975
Typusfundort: Papua-Neuguinea, Mündungsgebiet des Fly River
Weitere Fundorte: Weit verbreitet an der südlichen Küste Neuguineas und in der Umgebung von Darwin (Australien)
Größe: 4 cm

Nummer 6

Pseudomugil majusculus Ivantsoff & Allen, 1984

Deutscher Name: Kap-Blauauge
Entdecker: Bruce Colette, 1979
Typusfundort: Papua-Neuguinea, Mangrovenwald am Cape Ward Hunt in der Nähe von Port Moresby
Weitere Fundorte: Papua-Neuguinea, Insel Tagula
Größe: 5 cm

Nummer 7

Pseudomugil paskai Allen & Ivantsoff, 1986

Deutscher Name: Paskas Blauauge
Entdecker: John Paska, 1985
Typusfundort: Papua-Neuguinea, kleine Bäche im Bereich des oberen Fly River nahe der Stadt Kiunga
Größe: 3,5 cm

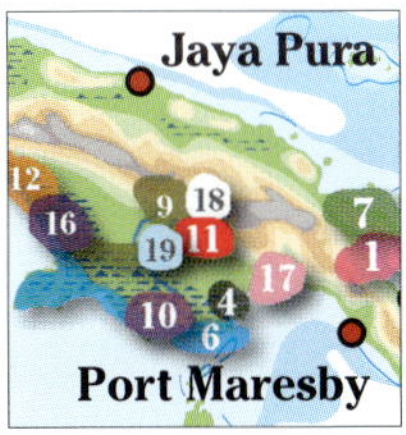

Nummer 11

Seiten 60 und 61: *Pseudomugil pellucidus*

Nummer 12

Pseudomugil pellucidus Allen, Ivantsoff, Shepherd & Renyaan, 1998

Deutscher Name: Kopi-Blauauge
Entdecker: Allen, 1995
Typusfundort: Papua-Neuguinea, Zuflüsse zum Kopi River in der Nähe der Stadt Tempagapura
Weitere Fundorte: Timika, Zuflüsse zum Iweka River
Größe: 4–5 cm

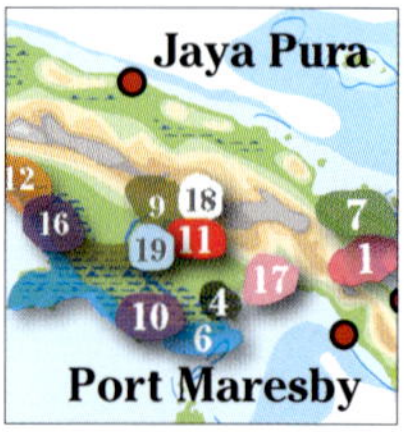

Nummer 10

Pseudomugil paludicola Allen & Moore, 1981

Deutscher Name: Sumpf-Blauauge
Entdecker: R. Moore, 1979
Typusfundort: Papua-Neuguinea, Zufluss zum Pahoturi River
Weitere Fundorte: Südwestlicher Teil von Papua-Neuguinea, im Einzugsgebiet des Binaturi River und Morehead River sowie Vogelkop-Halbinsel in der Nähe der Stadt Sorong
Größe: 4 cm

Gattung Kiunga

Diese Gattung wurde erst 1993 anhand einer Art aufgestellt, die im Einzugsgebiet der Stadt Kiunga in Papua-Neuguinea gefunden und nach deren Fundort sie benannt wurde. Eine zweite Art dieser Gattung entdeckte Heiko Bleher 1991, die 2004 nach ihm beschrieben wurde.

Nummer 18

Kiunga ballochi Allen, 1983

Deutscher Name: Kiunga-Blauauge
Entdecker: Allen und Paska, 1982
Fundorte: Papua-Neuguinea, Nähe Kiunga, Upper Fly River
Größe: Bis 3 cm

Kiunga bleheri Allen, 2004

Deutscher Name: Blehers Kiunga-Blauauge
Entdecker: Heiko Bleher, 1991
Fundort: Papua-Neuguinea, Tare Creek, 11,5 km von Kiunga entfernt
Größe: 2,5 cm

Nummer 19

Gattung Scaturiginichthys

Die Gattung *Scaturiginichthys* wurde 1991 aufgestellt, und die einzige bislang bekannte Art kommt sehr begrenzt in Australien vor: in kleinen flachen Quellteichen in Queensland. Kurz nach ihrer Entdeckung galt sie schon als eine der gefährdeten Fischarten Australiens.

Scaturiginichthys vermeilipinnis Ivantsoff, Unmack, Saeed & Crawley, 1991

Deutscher Name: Rotflossen-Blauauge
Entdecker: Peter Unmack, 1990
Fundort: Australien, Queensland, Teiche bei der Edgbaston-Station bei Armac
Größe: 2,5 cm

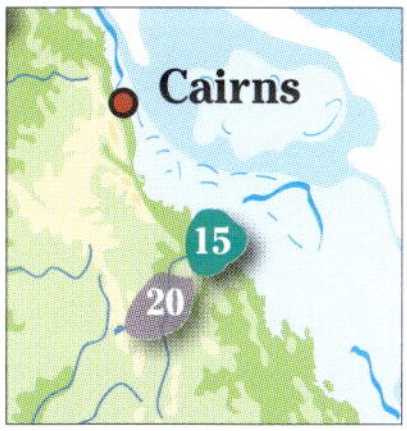

Nummer 20

Was ist die IRG?

Im Text dieses Buches wurde die Abkürzung IRG bereits erwähnt und kurz erklärt. Diese Abkürzung ist meiner Meinung nach nicht ganz korrekt und müsste eigentlich IGR heißen – aber belassen wir es beim Alten. Die IRG ist die Internationale Gesellschaft für Regenbogenfische e.V. Diese Gesellschaft, der ich seit 22 Jahren angehöre, hat sich Folgendes auf die Fahne geschrieben:

– Beschäftigung mit Regenbogenfischen, Blauaugen, Grundeln und anderen ozeanischen Fischen.

– Dazu gehören vor allen Dingen die Bestandserhaltung und die Arterhaltung.

– Herausgabe einer Zeitschrift (Der Regenbogenfisch), in der Mitglieder Erfahrungen, Ratschläge zur Hälterung, Zuchtergebnisse und ähnliche Dinge niederschreiben.

– Treffen der Länder- und Regionalgruppen.

– Eine jährlich stattfindende Jahreshauptversammlung, die sich zum Jahrestreffen der Regenbogenfisch- und Blauaugenfreaks entwickelt hat. Es ist ein Wochenende, das ich nicht missen möchte.

Wer Regenbogenfische oder Blauaugen halten will, dem kann ich eine Mitgliedschaft in der IRG nur empfehlen. Ein Satz im „Regenbogenfisch“ von Norbert Grunwald nach einem Besuch von Adrian Tappin aus Australien sagt alles: „Wie fast alle Regenbogenfischaquarianer, die ich kennengelernt habe in Deutschland und in verschiedenen anderen Ländern, ist er nicht nur ein guter Aquarianer, sondern auch ein guter Kumpel.“ Ich kann die Aussage noch ergänzen: „Meine Lebensgefährtin und ich haben viele Freunde gefunden“.

Schlusswort

Nun hoffe ich, dass ich einige „angesteckt“ habe, es einmal mit Blauaugen zu versuchen. Jeder einzelne kann helfen, dass der Handel sich mehr um diese Randgruppe in der Aquaristik kümmert und Blauaugen vermehrt anbietet. Importeure, Großhändler und Züchter sollten überzeugt werden, dass diese Fischfamilie ideale Aquarienfische bereithält. Sollten doch einmal Schwierigkeiten auftauchen oder Antworten auf Fragen nötig sein, möchte ich auf das Regenbogenfisch-Forum (www.regenbogenfisch-forum.de) oder auf meine eigene Internetseite (www.blauaugen-welt.de) verweisen.

Zeitschriften

AMAZONAS, erscheint sechs Mal jährlich
Natur und Tier - Verlag GmbH,
An der Kleimannbrücke 39/41
48157 Münster,
Tel.: 0251 13 33 90, E-Mail: verlag@ms-verlag.de
www.amazonas-magazin.de

Der Regenbogenfisch, erscheint vier Mal jährlich, Vereinszeitschrift der Internationalen Gesellschaft für Regenbogenfische, www.irg-online.de

Literatur

ALLEN, G.R. (1995): Faszinierende Regenbogenfische – Tetra, Berlin.
HIERONIMUS, H. (1998): Ihr Hobby – Regenbogenfische. – bede, Ruhmannsfelden.
HIERONIMUS, H. (1999): Herrliche Regenbogenfische. – Aqualog, Rodgau.
HIERONIMUS, H. (2002): Regenbogenfische und verwandte Arten. – Aqualog, Rodgau.
MAYLAND, H.-J. (2001): Blauaugen und Regenbogenfische – Dähne, Ettlingen.
SAEED, B., W. IVANTSOFF & G.R. ALLEN (1989): Taxonomic revision of the family Pseudomugilidae (Order Atheriniformes). – Aust. J. Mar. Freshwat. Res. 40(6): 719–787.
SCHMIDA, G. (1998): Regenbogenfische. – Gräfe und Unzer, München.
SCHUBERT, P. (1991): Regenbogenfische. – Urania, Freiburg.

Internet

www.**regenbogenfisch-forum**.de
www.**irg-online**.de
www.**irg-nord**.de
www.**blauaugen-welt**.de

Pseudomugil signatus aus dem Harvey Creek